园林绿化
工程计量与计价

主　编　　张建平

副主编　　杨嘉玲　　徐　梅　　张宇帆

重庆大学出版社

内容提要

本书依据国家标准《建设工程工程量清单计价规范》(GB 50500—2013)和《园林绿化工程工程量计算规范》(GB 50858—2013)编写。全书共分为7章,详细介绍了工程计价概述、园林绿化工程基础、工程计价基础以及园林绿化种植工程、园路及园桥工程、园林景观工程、园林小品工程的计量与计价。

本书结构新颖、图文并茂、通俗易懂,可作为高等学校工程造价、工程管理、园林工程等专业的教材,也可作为工程造价技术人员的自学教材和参考用书。

图书在版编目(CIP)数据

园林绿化工程计量与计价/张建平主编.—重庆:
重庆大学出版社,2015.10(2023.6 重印)
ISBN 978-7-5624-9193-4

Ⅰ.①园…　Ⅱ.①张…　Ⅲ.①园林—绿化—工程造价
Ⅳ.TU986.3

中国版本图书馆 CIP 数据核字(2015)第 133003 号

园林绿化工程计量与计价

主　编　张建平
副主编　杨嘉玲　徐　梅　张宇帆
策划编辑:鲁　黎

责任编辑:鲁　黎　　版式设计:鲁　黎
责任校对:邹　忌　　责任印制:张　策

*

重庆大学出版社出版发行
出版人:饶帮华
社址:重庆市沙坪坝区大学城西路 21 号
邮编:401331
电话:(023) 88617190　88617185(中小学)
传真:(023) 88617186　88617166
网址:http://www.cqup.com.cn
邮箱:fxk@ cqup.com.cn(营销中心)
全国新华书店经销
POD:重庆新生代彩印技术有限公司

*

开本:787mm×1092mm　1/16　印张:11.75　字数:279 千
2015 年 10 月第 1 版　　2023 年 6 月第 9 次印刷
印数:9 001—10 000
ISBN 978-7-5624-9193-4　定价:32.00 元

前 言

  本书依据国家标准《建设工程工程量清单计价规范》（GB 50500—2013）和《园林绿化工程工程量计算规范》（GB 50858—2013）编写。全书共分为7章：第1章绪论，第2章园林绿化工程基础，第3章工程计价基础，第4章绿化种植工程，第5章园路及园桥工程，第6章园林景观工程，第7章计算机辅助工程计价。

  本书结构新颖、图文并茂、通俗易懂。书中绿化种植工程、园路及园桥工程、园林景观工程的每一章均列出了清单分项与定额分项、工程量计算规则和计算方法，以及可参考的定额和单位估价表。以工程图配合计量与计价的详解过程，按"读图→列项→算量→套价→计费"的"五步法"对园林绿化工程计价进行了深入细致的讨论，这是本书的一大特色。

  本书由昆明理工大学张建平担任主编，昆明理工大学津桥学院杨嘉玲、徐梅、张宇帆以及重庆商务职业学院穆华梅担任副主编。

  编写分工为：张建平编写第1章、第3章，杨嘉玲编写第4章，穆华梅编写第2章、第5章，徐梅编写第6章，张宇帆编写第7章。全书由张建平统稿。

  本书可作为高等学校工程造价、工程管理、园林工程等专业的教材，也可作为工程造价技术人员的自学教材和参考用书。

  本书在编撰过程中，参考了新近出版的有关标准和教材，谨此一并致谢。由于作者水平有限，加之书中有些问题还有待探索，不足与失误在所难免，敬请读者见谅并批评指正。

编 者

2015 年 6 月

目录

第 1 章
绪 论

教学要求

- 了解工程计价的含义及特点、工程计价的分类及作用、本课程教学内容。
- 熟悉工程计价原理、工程计价基本方法、建设项目的分解、工程计价主要环节,熟悉工程量的含义、工程计量的意义、工程计量一般方法。

任何一门学科都有其特定的研究对象,工程计量计价的研究对象就是人们在长期的社会实践中探索出来的工程计量计价的内在含义、计量计价规律和基本方法。本章作为开篇,介绍工程计价的含义、特点、分类及其作用,工程计价原理以及工程量计算总论等。

1.1 工程计价概述

1.1.1 工程计价的含义及特点

1. 含义

工程计价是指对工程建设项目及其对象建造费用的计算,也就是工程造价的计算。工程计价过程包括工程计价、工程结算和竣工决算。随着工程量清单计价模式的产生,工程计价应是一个表述工程造价计算及其过程的完整概念。

工程计价(长期以来一直称之为工程概预算)是指在工程建设项目开工前,对所需的各种人力、物力资源及其资金需用量的预先计算。其目的在于有效地确定和控制建设项目的投资额度,进行人力、物力、财力的准备,以保证工程项目的顺利进行。

工程结算和竣工决算是指工程建设项目竣工后,对所消耗的各种人力、物力资源及资金的实际计算。

2. 特点

工程建设是一项特殊的生产活动,它有别于一般的工农业生产,具有周期长、消耗大、涉及面广、协作性强、建设地点固定、水文地质条件各异、生产过程单一、不能批量生产、需要预先定价等特点。由此,工程计价具备了不同于一般的工农业产品定价的特点。

（1）单件性计价

每个建设产品都为特定的用途而建造,在结构、造型、选用材料、内部装饰、体积和面积等方面都会有所不同,建筑物要有个性,不能千篇一律,只能单独设计、单独建造。由于建造地点的地质情况不同,建造时人工材料的价格变动,使用者不同的功能要求都会导致工程造价的千差万别。因此,建设产品的造价既不能像工业产品那样按品种、规格成批定价,也不能由国家、地方、企业规定统一的价格,只能是单件计价,由企业根据现时情况自主报价,由市场竞争形成价格。

（2）多次性计价

建设产品的生产过程是一个周期长、规模大、消耗多、造价高的投资生产活动,因此必须按照规定的建设程序分阶段进行。工程造价多次性计价的特点,表现在建设程序的每个阶段都有相对应的计价活动,以便有效地确定与控制工程造价。同时,由于工程建设过程是一个由粗到细、由浅入深的渐进过程,工程造价的多次性计价也就成为了一个对工程投资逐步细化、具体、最后接近实际的过程。工程造价多次性计价与建设程序的关系如图1.1所示。

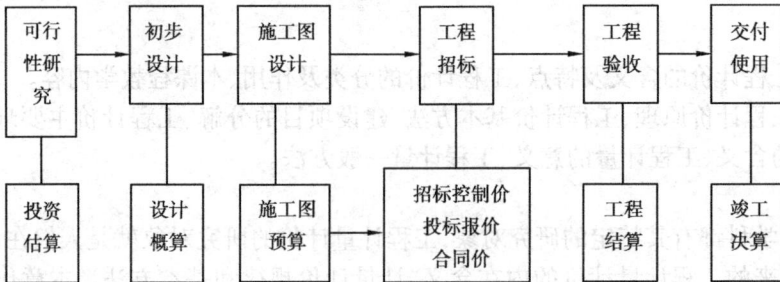

图1.1 多次性计价与建设程序的关系

（3）组合性计价

每一工程项目都可以按照建设项目、单项工程、单位工程、分部工程、分项工程的层次分解,然后再按相反的秩序组合计价。工程计价的最小单元是分项工程或构配件,工程计价的基本对象是单位工程,如建筑工程、装饰装修工程、安装工程、市政工程、园林绿化等,每一个单位工程应编制独立的工程造价文件。单项工程的造价由若干个单位工程的造价汇总而成,建设项目的造价由若干个单项工程的造价汇总而成。

1.1.2 工程计价的分类及其作用

1. 根据建设程序的不同阶段分类

（1）投资估算

投资估算是指在编制建设项目建议书和可行性研究阶段,对建设项目总投资的粗略计算。作为建设项目决策时一项重要的参考性经济指标,投资估算是判断项目可行性的重要依据之一;作为工程造价的目标限额,投资估算是控制初步设计概算和整个工程造价的目标限额;投资估算也是作为编制投资计划、资金筹措和申请贷款的依据。

（2）设计概算

设计概算是指在工程项目的初步设计阶段,根据初步设计文件和图纸、概算定额或概算指标及有关取费规定,对工程项目从筹建到竣工所应发生费用的概略计算。它是国家确定和控制基本建设投资额、编制基本建设计划、选择最优设计方案、推行限额设计的重要依据,也是计算工程设计收费、编制施工图预算、确定工程项目总承包合同价的主要依据。当工程项目采用三阶段设计时,在扩大初步设计(也称技术设计)阶段,随着设计内容的深化,应对初步设计的概算进行修正,称为修正概算。经过批准的设计总概算是建设项目造价控制的最高限额。

(3)施工图预算

施工图预算是指在工程项目的施工图设计完成后,根据施工图纸和设计说明、预算定额、预算基价及费用定额等,对工程项目应发生费用的较详细的计算。它是确定单位工程、单项工程预算造价的依据,是确定工程招标控制价、投标报价、工程承包合同价的依据,是建设单位与施工单位拨付工程款项和办理工程结算的依据,也是施工企业编制施工组织设计、进行成本核算不可缺少的依据。

(4)施工预算

施工预算是指由施工单位在中标后的开工准备阶段,根据施工定额或企业定额编制的内部预算。它是施工单位编制施工作业进度计划、实行定额管理、班组成本核算的依据,也是进行"两算对比",即施工图预算与施工预算对比的重要依据;更是施工企业有效控制施工成本,提高企业经济效益的手段之一。

(5)工程结算

工程结算是指在工程建设的收尾阶段,由施工单位根据影响工程造价的设计变更、工程量增减、项目增减、设备和材料价差,在承包合同约定的调整范围内,对合同价进行必要修正后形成的造价。经建设单位认可的工程结算是拨付和结清工程款的重要依据。工程结算价是该结算工程的实际建造价格。

(6)竣工决算

竣工决算是指在建设项目通过竣工验收交付使用后,由建设单位编制的反映整个建设项目从筹建到竣工验收所发生全部费用的决算价格,竣工决算应包括建设项目产成品的造价、设备和工器具购置费用和工程建设的其他费用。它应当反映工程项目建成后交付使用的固定资产及流动资金的详细情况和实际价值,是建设项目的实际投资总额,可作为财产交接、考核交付使用的财产成本,以及使用部门建立财产明细账和登记新增固定资产价值的依据。

上述计价过程之间存在多方面的差异,见表1.1。

表1.1 不同阶段的工程计价特点对比

类别	编制阶段	编制单位	编制依据	用途
投资计算	可行性研究	工程咨询机构	投资计算指标	投资决策
设计概算	初步设计或扩大初步设计	设计单位	概算定额或概算指标	控制投资及工程造价
施工图预算	工程招投标	工程造价咨询机构和施工单位	预算定额或清单计价规范等	确定招标控制价、投标报价、工程合同价
施工预算	施工阶段	施工单位	施工定额或企业定额	控制企业内部成本
工程结算	竣工验收后交付使用前	施工单位	合同价、设计及施工变更资料	确定工程项目建造价格
竣工决算	竣工验收并交付使用后	建设单位	预算定额、工程建设其他费用定额、工程结算资料	确定工程项目实际投资

2. 根据专业工程的不同分类

①建筑工程概预算，含土建工程及装饰工程。

②装饰工程概预算，专指独立承包的装饰装修工程。

③安装工程概预算，含建筑电气照明、给排水、暖气空调等设备安装工程。

④市政工程概预算。

⑤园林绿化工程概预算。

⑥修缮工程概预算。

⑦煤气管网工程概预算。

⑧抗震加固工程概预算。

1.1.3　本教材教学内容

本教材定名为《园林绿化工程计量与计价》，其教学内容与国家标准《园林绿化工程工程量计算规范》内容一致。

本教材适用于"园林绿化工程计价"或"园林绿化工程预算"等课程。其教学内容归类为全过程计价中的施工图预算，重点讨论在工程招投标阶段如何编制园林绿化工程的"招标工程量清单"、"招标控制价"或"投标报价"等工程造价文件。

1.2　工程计价原理

1.2.1　工程计价基本方法

从工程费用计算的角度分析，每一建设项目都可以分解为若干子项目，每一子项目都可以计量计价，进而在上一层次组合，最终确定工程造价。其数学表达式为：

$$\text{工程造价} = \sum_{i}^{n}(\text{子项目工程量} \times \text{工程单价}) \tag{1.1}$$

式中　i——第 i 个工程子项；

　　　n——建设项目分解得到的工程子项总数。

其中，影响工程造价的主要因素有两个，即子项工程量和工程单价。可见，子项工程量的大小和工程单价的高低直接影响工程造价的高与低。

如何确定子项工程量是一个繁琐而又复杂的过程。当设计图深度不够时，我们不可能准确计算工程量，只能用大而粗的量如建筑面积、体积等作为工程量，对工程造价进行计算和概算；当设计图深度达到施工图要求时，我们就可以对由建设项目分解得到的若干子项目逐一计算工程量，用施工图预算的方式确定工程造价。

工程单价的不同决定了所用计价方式的不同。投资计算指标用于投资计算；概算指标用于设计概算；人材机单价适用于定额计价法编制施工图预算；综合单价适用于清单计价法编制施工图预算；全费用单价可在更完整的层面上进行施工图预算和设计概算。

工程单价由消耗量和人材机的具体单价决定。消耗量是在长期的生产实践中形成的生产一定计量单位的建筑产品所需消耗人工、材料、施工机械的数量标准，一般体现在《预算定额》或《消耗量定额》中,因而《预算定额》或《消耗量定额》是工程计价的基础,无论定额计价和清单计价都离不开定额。人、材、机的具体单价由市场供求关系决定,服从价值规律。在市场经济条件下,工程造价的定价原则是"企业自主报价、竞争形成价格",因此工程单价的确定原则应是"价变量不变",即人、材、机的具体单价是绝对要变的,而定额消耗量是相对不变的。

计价中的项目划分是十分重要的环节。《园林绿化工程工程量清单计算规范》是清单项目划分的标准,《预算定额》或《消耗量定额》是计价项目划分的标准,而清单项目划分注重工程实体,定额项目划分注重施工过程,一个工程实体往往由若干个施工过程来完成,所以一个清单分项往往要包含多个定额子项。

1.2.2 建设项目的分解

根据我国现行有关规定,一个建设项目一般可向下一层次分解为单项工程、单位工程、分部工程、分项工程等项目。

1. 建设项目

建设项目是指在一个总体设计或初步设计的范围内,由一个或若干个单项工程所组成的,经济上实行统一核算,行政上有独立机构或组织形式,实行统一管理的基本建设单位。一般以一个行政上独立的企事业单位作为一个建设项目,如一家工厂,一所学校等。

2. 单项工程

单项工程是指具有单独的设计文件,建成后能够独立发挥生产能力和使用功能的工程。单项工程又称为工程项目,它是建设项目的组成部分。

工业建设项目的单项工程,一般是指能够生产出设计所规定的主要产品的车间或生产线以及其他辅助或附属工程,如某机械厂的一个铸造车间或装配车间等。

民用建设项目的单项工程,一般是指能够独立发挥设计规定的使用功能的各项独立工程,如大学内的一栋教学楼或实验楼、图书馆等。

3. 单位工程

单位工程是指具有单独的设计文件,独立的施工条件,但建成后不能够独立发挥生产能力和使用功能的工程。单位工程是单项工程的组成部分,如建筑工程中的一般土建工程、装饰装修工程、给排水工程、电气照明工程、园林绿化工程等均可单独作为单位工程。

4. 分部工程

分部工程是指各单位工程的组成部分。它一般根据建筑物、构筑物的主要部位、工程结构、工种内容、材料类别或施工程序等来划分。分部工程在《预算定额》或《消耗量定额》中一般表达为"章"。

5. 分项工程

分项工程是指各分部工程的组成部分。它是工程造价计算的基本要素和工程计价最基本的计量单元,是通过较为简单的施工过程就可以生产出来的建筑产品或构配件,分项工程在《预算定额》或《消耗量定额》中一般表达为"子目"。

1.2.3 工程计价步骤

工程计价基本步骤可概括为:读图→列项→算量→套价→计费,适合于工程计价的每一过程,其中的每一步骤所涉及内容的不同,就会对应不同的计价方法。

1. 读图

读图是工程计价的基本工作,只有看懂设计图纸和熟悉图纸后,才能对工程内容、结构特征、技术要求有清晰的概念,才能在计价时做到项目全、计量准、速度快。因此,在计价之前,应留一定时间,专门用来读图,阅读重点是:

①对照图纸目录,检查图纸是否齐全。

②采用的标准图集是否已经具备。

③设计说明或附注要仔细阅读,因为有些分张图纸中不再表示的项目或设计要求,往往在说明或附注中可以找到,稍不注意,容易漏项。

④设计上有无特殊的施工质量要求,事先列出需要另编补充定额的项目。

⑤平面坐标和竖向布置标高的控制点。

⑥本工程与总图的关系。

2. 列项

列项就是列出需要计量计价的分部分项工程项目。其要点是:

(1)工程量清单列项

它要依据《园林绿化工程工程量清单计算规范》列出清单分项,才可对每一清单分项计算清单工程量,按规定格式(包含项目编码、项目名称、项目特征、计量单位、工程数量)编制成"工程量清单"文件。

(2)综合单价的组价列项

它要依据《园林绿化工程工程量清单计算规范》每一分项的特征要求和工作内容,从《预算定额》或《消耗量定额》中找出与施工过程匹配的定额项目,对每一定额项目计量计价,才能产生每一清单分项的综合单价。

(3)定额计价列项

它要依据《预算定额》或《消耗量定额》列出定额分项,才可对每一定额分项计算定额工程量并套价。

3. 算量

算量就是对工程量的计量。清单工程量必须依据《园林绿化工程工程量清单计算规范》规定的计算规则进行正确计算,定额工程量必须依据《预算定额》规定的计算规则进行正确计算。计价的基础是定额工程量,施工费用因定额工程量而产生,不同的施工方式会使定额工程量有差异。清单工程量是唯一的,由业主方在"招标工程量清单"中提供,它反映分项工程的实物量,是工程发包和工程结算的基础。施工费用除以清单工程量可得出每一清单分项的综合单价。

4. 套价

套价就是套用工程单价。在市场经济条件下,按照"价变量不变"的原则,基于《预算定额》或《消耗量定额》的消耗量,采用人、材、机的市场价格,一切工程单价都是可以重组的。定额计价法套用人、材、机单价可计算出直接工程费;清单计价法套用综合单价可计算出"分部分项工程费"或"单价措施费"。直接工程费或分部分项工程费是计算其他费用的基础。

5. 计费

计费就是计算除分部分项工程费以外的其他费用。定额计价法在直接工程费以外还要计算措施项目费、其他项目费、管理费、利润、规费及税金;清单计价法在分部分项工程费以外还要计算措施项目费、其他项目费、规费及税金,这些费用的总和就是单位工程总造价。

1.3 工程量及其计算

1.3.1 工程量的含义

工程量是指以物理计量单位或自然计量单位所表示的各个具体分部分项工程和构配件的数量。物理计量单位是指需要度量的具有物理性质的单位,如长度以米(m)为计量单位,面积以平方米(m^2)为计量单位,体积立方米以(m^3)为计量单位,质量以千克(kg)或吨(t)为计量单位等。自然计量单位指不需要度量的具有自然属性的单位,如园林工程中的"株"、"根"、"组"、"个"等。

1.3.2 工程量计算的意义

计算工程量就是根据施工图、《清单计量规范》和《预算定额》或《消耗量定额》划分的项目及工程量计算规则,列出分部分项工程名称和计算式,然后计算出结果的过程。

工程量计算的工作,在整个工程计价的过程中是最繁重的一道工序,是编制施工图预算的重要环节。一方面,工程量计算工作在整个预算编制工作中所花的时间最长,它直接影响到预算的及时性;另一方面,工程量计算正确与否直接影响到各个直接工程费或分部分项工程费计算的正确与否,从而影响预算造价的准确性。因此,要求造价人员具有高度的责任感,耐心细致地进行计算。

1.3.3 工程量计算的一般方法

工程量必须按照工程量计算规则和相关规定进行正确计算。

1. 工程量计算基本要求

①工作内容须与《园林绿化工程工程量计算规范》和《预算定额》或《消耗量定额》中分项工程所包括的内容和范围相一致。计算工程量时,要熟悉定额中每个分项工程所包括的内容和范围,以避免重复列项和漏计项目。

②工程量计量单位须与《园林绿化工程工程量计算规范》和《预算定额》或《消耗量定额》中的单位相一致。在计算工程量时,首先要弄清楚《园林绿化工程工程量计算规范》或《预算定额》的计量单位。一般清单规范计量单位为本位,而预算定额的计量单位可能会扩大10倍、100倍。

③工程量计算规则要与《园林绿化工程工程量计算规范》和《预算定额》或《消耗量定额》要求一致。按施工图纸计算工程量时,所采用的计算规则必须与《园林绿化工程工程量计算规范》和本地区现行的《预算定额》或《消耗量定额》工程量计算规则相一致,这样才能有统一的计量标准,防止错算。由于清单规则与定额规则在有些分部有所不同,因而按清单规则计算出的工程量为"清单工程量",按定额规则计算出的工程量为"定额工程量",这一点在以后几章的学习中一定要注意区分。

④工程量计算式力求简单明了,按一定秩序排列。为了便于工程量的核对,在计算工程

量时有必要注明部位、图号等。工程量计算式一般按长、宽、厚的秩序排列。如计算面积时按长×宽(高),计算体积时按长×宽×高等。

⑤工程量计算的精确程度要符合要求。工程量在计算的过程中,一般可保留3位小数,计算结果则四舍五入后保留两位小数。

2. 工程量计算顺序

工程量计算是一项繁杂而细致的工作,为了达到既快又准确、防止重复或错漏的目的,合理安排计算顺序是非常重要的。工程量计算顺序一般有以下两种方法:

(1)按施工先后顺序计算

使用这种方法要求对实际的施工过程比较熟悉,否则容易出现漏项情况。

(2)按定额分部分项顺序计算

即在计算工程量时,对应施工图纸按照定额的章节顺序和子目顺序进行分部分项工程的计算。采用这种方法要求熟悉图纸,有较全面的设计基础知识。由于目前的建筑设计从造型到结构形式都千变万化,尤其是新材料、新工艺层出不穷,无法从定额中找全现成的项目供套用,因此,在计算工程量时,最好将这些项目列出来编制成补充定额,以避免漏项。

思考与习题

1. 如何理解工程计价、工程计量的含义?两个概念有何不同?

2. 工程计价有哪些环节?各有什么作用?与建设程序是什么关系?

3. 建设项目如何分解?对计价有何实际意义?

4. 什么是工程量?工程量计算对计价有何实际意义?

5. 工程量计算有哪些技巧,如何应用?

6. 如何理解工程计价的5个基本步骤?

7. 本课程教学内容是什么?

第2章
园林绿化工程基础

教学要求

- 了解园林绿化工程的概念。
- 熟悉园林绿化工程的分类及内容。
- 熟悉园林绿化工程图例的读识方法。

2.1 园林绿化工程的概念

园林是指庭园、宅园、小游园、花园、公园、植物园、动物园,还包括森林公园、风景名胜区、自然保护区或国家公园的游览区及休养胜地。

园林绿化工程是指在一定的地域应用工程技术、艺术手段,通过改造地形或进一步的筑山理水、叠石、种植花草树木、营造园林建筑、布置园路园桥、建造水景假山等景观工程的途径创造美丽的自然环境和游憩场所。

园林绿化工程建设泛指园林城市绿化和风景名胜区中涵盖园林建筑工程在内的环境建设,构成园林景观的六大要素包括:山体、水体、植物、小品、道路、建筑。如图2.1所示。园林绿化工程内容包括土方工程、园林筑山工程、园林理水工程、园林绿化工程、园林小品工程、园路工程、园林建筑工程等几个部分,还包括一些设施工程如给排水工程、照明工程等。

建设园林绿化工程是一项公共事业。园林绿化工程复杂多样,一般具有工程规模大、涉及面广,园林建筑构造复杂,新技术、新材料更新较快,园林工程涉及部门多等特点,因此造价管理工作相对比较繁琐。

图 2.1　园林景观

2.2　园林绿化工程的内容

2.2.1　绿化种植工程

绿化种植是指种植树木、花卉、草皮等绿色植物,以改善自然环境和人民生活、工作、学习的环境。绿化有两个范畴:一是国土绿化,即绿化祖国、植树造林,提高全国森林覆盖率;二是城市规划区内种植树木、花草,以改善城市生态环境,美化人们生活、工作、学习的环境,增强人民身心健康。

绿化种植工程是园林工程中的重要组成部分,也是园林工程中最具生命力和活力的部分。绿化一词泛指除天然植被以外的,为改善环境而进行的人工绿化的种植。绿化种植工程就是按照设计要求植树、栽花、铺草并使其成活,可划分为绿地整理、栽植花木、绿地喷灌 3 个部分。根据植物的生长类型不同,植物可划分为乔木、灌木、竹类、棕榈类、绿篱、攀缘植物、花卉、水生植物、草坪等。

(1)乔木

乔木是指树身高大的树木,由根部发生独立的主干,树干和树冠有明显区分。乔木的大小一般用胸径或者冠幅表示。

乔木是园林中的骨干树种,无论在功能上还是艺术处理上都能起主导作用,如界定空间、提供绿荫、防止眩光、调节气候等。多数乔木在色彩、线条、质地和树形方面随叶片的生长与凋落可形成丰富的季节性变化,即使冬季落叶后也能展现出枝干的线条美,如图 2.2 所示。

常用的绿化乔木有:香樟、银杏、樱花、垂柳、雪松、槐树等。

(2)灌木

灌木是指树体矮小,通常在 6 m 以下,主干低矮且不明显,呈丛生状态的树木。灌木的尺寸一般用株高或者蓬径表示。

灌木在园林植物群落中属于中间层,起着乔木与地面、建筑物与地面之间的连贯和过渡作用。因其种类繁多,既有观花也有观叶、观果、观枝干的,更有花果或果叶兼美的,灌木在园林景观营造中具有极其重要的作用,如图 2.3 所示。

图 2.2　乔木

图 2.3　灌木

常见的绿化灌木有:杜鹃、牡丹、黄杨、沙地柏、铺地柏、连翘、迎春、紫荆、茉莉、沙柳等。

(3)竹类

竹类是一类再生性很强的植物,它是重要的造园材料,是构成中国园林的重要元素。竹类植物是集文化美学、景观价值于一身的优良观赏植物。竹类的尺寸一般用高度或者根盘丛径表示。

竹枝干挺拔修长、四季青翠、凌霜傲雪、备受国人喜爱,有"梅兰竹菊"四君子之一,"梅松竹"岁寒三友之一等美称,如图 2.4 所示。

常见的绿化竹类有:紫竹、观音竹、孝顺竹、黄金碧玉竹、凤尾竹等。

(4)棕榈类

棕榈类植物大多喜高温、高湿的热带、亚热带环境,乔木状,树干圆柱形。棕榈类的尺寸一般用株高或者蓬径表示,如图 2.5 所示。

图 2.4　竹类

图 2.5　棕榈类

棕榈类植物树势挺拔、叶色葱茏,适于四季观赏。棕榈类植物以其特有的形态特征构成了热带植物部分特有的景观。

常见的绿化棕榈类有:鱼尾葵、旅人蕉、棕榈、苏铁、蒲葵、槟榔等。

（5）绿篱

绿篱是指由灌木以近距离的株行距密植,栽成单行或多行,紧密结合的规则种植形式。因其选择树种可修剪成各种造型,并能相互组合,从而提高了观赏效果和艺术价值。绿篱类的尺寸一般用株高或者蓬径表示,如图2.6所示。

绿篱还能起到遮盖不良视点、隔离防护、防尘防噪、引导游人观赏路线等作用。

常见的可用作绿篱的植物有:金叶女贞、小叶黄杨、红花檵木、紫叶小檗等。

（6）攀缘植物

攀缘植物是中国造园中常用的植物材料。当前,由于城市园林绿化的用地面积越来越少,充分利用攀缘植物进行垂直绿化是拓展绿化空间、增加城市绿量、提高整体绿化水平、改善生态环境的重要途径。攀缘植物的尺寸一般用藤长表示。如图2.7所示,可分为缠绕类、吸附类、卷须类和蔓生类。

图2.6　绿篱

图2.7　攀缘植物

缠绕类植物依靠自身缠绕支持物而向上延伸生长,攀缘能力强。常见的攀缘植物有紫藤、木通、金银花、油麻藤、茑萝、牵牛、何首乌等。

卷须类植物依靠卷须而攀缘,攀缘能力也很强,例如,在农业观光园和度假村中常应用的葡萄、观赏南瓜、葫芦、丝瓜、西番莲、炮仗花、香豌豆等。

吸附类植物依靠吸附作用而攀缘,如爬山虎、五叶地锦、常春藤、凌霄等。

蔓生类植物靠细柔而蔓生的枝条,攀缘能力最弱,但垂吊效果好,常见的有蔷薇、木香、叶子花、藤本月季等。

（7）花卉

花卉是指以花朵或花序供观赏的草本或木本的地被植物、灌木等,种类繁多,色彩各异。可用作花坛、盆栽、切花等。如图2.8所示,花卉的尺寸一般用株高或者蓬径表示。

常用的草本花卉有:春天花卉三色堇、石竹,夏天花卉凤仙花、雏菊,秋天花卉一串红、万寿菊、九月菊,冬天花卉羽衣甘蓝等。常用的木本花卉有:牡丹、玫瑰、月季等。

（8）水生植物

能在水中生长的植物统称为水生植物,其叶子柔软而透明,能最大限度地得到水里的光照并吸收水里溶解得很少的二氧化碳,保证光合作用的进行。水生植物的尺寸一般用高度或者长度来表示。如图2.9所示,园林中常用水生植物可分为以下两大类:

①挺水植物:植株高大,直立挺拔,下部或基部沉于水中,根或地茎扎入泥中生长,上部植株挺出水面,花色艳丽。常见的有荷花、菖蒲、水葱、香蒲、芦苇等。

图2.8　花卉

图2.9　水生植物

②浮叶植物：花大色艳，叶片漂浮于水面上。常见的有王莲、睡莲、荇菜等。

（9）草坪

草坪是指由多年生矮小草本植株密植，并经人工建植或人工养护管理的草地。它能起到美化环境、园林景观、净化空气、保持水土、提供户外活动和体育运动场所等多方面的作用，如图2.10所示。

常见的可用作草坪的植物有：高羊茅、黑麦草、早熟禾、白三叶、剪股颖等。

图2.10　草坪

2.2.2　园路及园桥工程

园路是指园林绿化地域范围内联系各景区、景点以及活动中心的地带，具有引导游览、分散人流的功能，同时也可供游人散步和休息之用。园路可分为主干道、次干道和步行道3种类型，如图2.11、图2.12、图2.13所示。

园桥是指建筑在庭园、公园、植物园、动物园、森林公园、风景名胜区、游览胜地以及小游园内，主桥孔洞宽度在5 m以内的，供游人通行并有观赏价值的步桥，是园林中的风景桥，如图2.14所示。

图2.11　主干道

图2.12　次干道

图 2.13 步行道

图 2.14 园桥

驳岸(俗称护岸)是指在园林中的水体边上所做的护岸工程,如图 2.15 所示。

园路及园桥工程包括园路、园桥、驳岸(护岸)工程。园路工程是园林中的道路工程,包括园路布局、路面层结构和地面铺装等的设计。园林道路是园林的组成部分,它像脉络一样,把园林的各个景区联成整体。园林道路本身就是园林风景的组成部分,其蜿蜒起伏的曲线、精美的图案都给人以美的享受。

园桥工程是园林景观的一个重要组成部

图 2.15 驳岸

分,它可以联系风景点的水陆交通,组织游览线路,变换观赏视线,点缀水景,增加水面层次,兼有交通和艺术欣赏的双重作用。园桥在造园艺术上的价值,往往超过交通功能。驳岸工程是指建于水体边缘和陆地交界处,用工程措施加工岸而使其稳固,以免遭受各种自然因素和人为因素的破坏,保护风景园林中水体的设施。

2.2.3 园林假山工程

园林假山包括假山和置石两部分。假山以造景游览为主要目的,充分结合其他多方面的功能作用,以土、石等为材料,以自然山水为蓝本并加以艺术的提炼和夸张,用人工再造的山水景物的通称,如图 2.16 所示。置石是以山石为材料作独立性或附属性的造景布置,主要表现山石的个体美或局部的组合而不具备完整的山形,如图 2.17 所示。

图 2.16 假山

图 2.17 置石

园林假山工程是指在庭园、宅园、小游园、花园、公园、植物园、动物园,还包括森林公园、风景名胜区、自然保护区或国家公园的游览区以及休养胜地中所做的假山、石峰、石笋、布置景石以及自然式驳岸。

2.2.4　园林小品工程

园林小品是指园林中供装饰、照明、展示及游人休憩、使用和园林管理的小型建筑设施。其体量小巧,造型别致,既能美化环境、丰富园趣,为游人提供文化休息和公共活动的方便,又能让游人从中获得美的感受和良好的教益。根据园林小品的用途,可分为:

(1)供休息的小品

它包括各种造型的园椅、凳、桌和遮阳的伞、罩等。常结合环境,用自然块石或用混凝土作成仿石、仿树墩的凳、桌;或利用花坛、花台边缘的矮墙和地下通气孔道来作椅、凳等;围绕大树基部设椅凳,既可休息,又能纳荫。

(2)装饰性小品

它包括各种固定的和可移动的花钵、饰瓶,可以经常更换花卉。装饰性的日晷、香炉、水缸,各种景墙(如九龙壁)、景窗等,在园林中起点缀作用。

(3)结合照明的小品

园灯的基座、灯柱、灯头、灯具都有很强的装饰作用。

(4)展示性小品

各种布告板、导游图板、指路标牌及动物园、植物园和文物古建筑的说明牌、阅报栏、图片画廊等,都对游人有宣传、教育的作用。

(5)服务性小品

如为游人服务的饮水泉、洗手池、公用电话亭、时钟塔,为保护园林设施的栏杆、格子垣、花坛绿地的边缘装饰,为保持环境卫生的废物箱等。

图 2.18　花架

图 2.19　雕塑

园林小品工程包括园林小品和园林小摆设,园林小品包括堆仿塑装饰和小型预制钢筋混凝土、金属构件等小型设施。园林小摆设包括各种仿匾额、花瓶、花盆、石鼓及小型水盆、花坛池、花架、园林桌椅等,如图 2.18、图 2.19 所示。

2.3 园林绿化工程的图例

2.3.1 总平面图图例

总平面图图例见表2.1。

表2.1 总平面图图例

序号	名称	图例	说明
1	新建建筑物		用粗实线表示
2	原有的建筑物	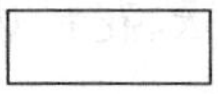	用细实线表示
3	规划扩建的预留地或建筑物		用中虚线表示
4	拆除的建筑物	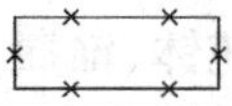	用细实线表示
5	地下建筑物		用粗虚线表示
6	坡屋顶建筑	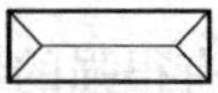	包括瓦顶、石片顶、饰面砖顶等
7	草顶建筑或简易建筑	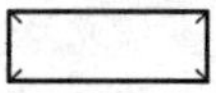	
8	温室建筑	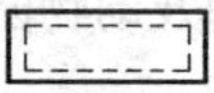	
9	围墙及大门	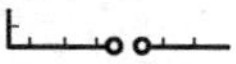 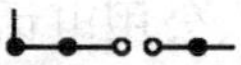	上图为实体性质的围墙,下图为通透性质的围墙,若仅表示围墙时不画大门
10	挡土墙		被挡土在"突出"的一侧
11	挡土墙上设围墙		
12	台阶		箭头指向表示向下
13	坐标	X105.00 Y425.00 / A105.00 B425.00	上图表示测量坐标 下图表示建筑坐标
14	方格网交叉点标高	−0.50 | 77.85 / 78.35	"78.35"为原地面标高 "77.85"为设计标高 "−0.50"为施工高度 "−"表示挖方("+"表示填方)
15	填方区、挖方区、未整平区及零点线	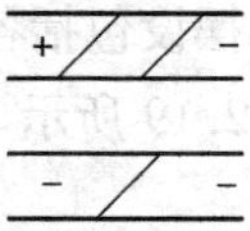 + / − ; − /	"+"表示填方区 "−"表示挖方区 中间为未整平区 点画线为零点线

序号	名称	图例	说明
16	填挖边坡		1. 边坡较长时,可在一端或两端局部表示
17	护坡		2. 下边线与虚线时表示填方
18	分水脊线与谷线	 	上图表示脊线 下图表示谷线
19	洪水淹没线		阴影部分表示淹没区(可在底图背面涂红)
20	地表排水方向		无
21	截水沟或排水沟		"1"表示 1% 的沟底纵向坡度,"40.00"表示变坡点间距离,箭头表示水流方向
22	排水明沟	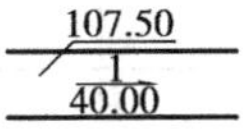 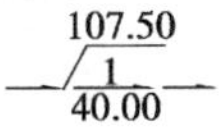 $\dfrac{107.50}{\frac{1}{40.00}}$ $\dfrac{107.50}{\frac{1}{40.00}}$	1. 上图用于比例较大的图面,下图用于比例较小的图面 2. "1"表示 1% 的沟底纵向坡度,"40.00"表示变坡点间距离,箭头表示水流方向 3. "107.50"表示沟底标高
23	铺砌的排水明沟	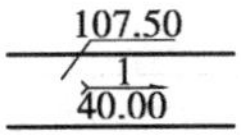 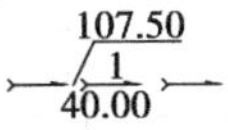 $\dfrac{107.50}{\frac{1}{40.00}}$ $\dfrac{107.50}{\frac{1}{40.00}}$	1. 上图用于比例较大的图面,下图用于比例较小的图面 2. "1"表示 1% 的沟底纵向坡度,"40.00"表示变坡点间距离,箭头表示水流方向 3. "107.50"表示沟底标高
24	有盖的排水沟	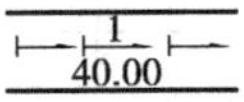 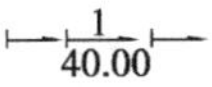 $\dfrac{1}{40.00}$ $\dfrac{1}{40.00}$	1. 上图用于比例较大的图面,下图用于比例较小的图面 2. "1"表示 1% 的沟底纵向坡度,"40.00"表示变坡点间距离,箭头表示水流方向
25	雨水口		无
26	消火栓井		无
27	急流槽		箭头表示水流方向
28	跌水	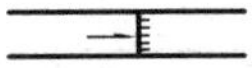	
29	拦水(闸)坝	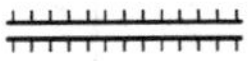	
30	透水路堤	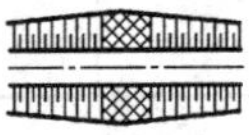	边坡较长时,可在一端或两端局部表示

续表

序号	名称	图例	说明
31	过水路面		无
32	室内标高	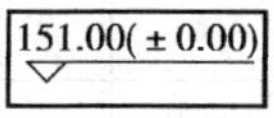 151.00(±0.00)	无
33	室外标高	●143.00 ▼143.00	室外标高也可采用等高线表示
34	新建的道路	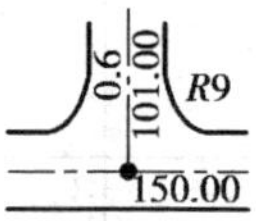 0.6 101.00 R9 150.00	"R9"表示道路转弯半径为9 m,"150.00"为路面中心控制点标高,"0.6"表示0.6%的纵向坡度,"101.00"表示变坡点间距离
35	城市型道路断面	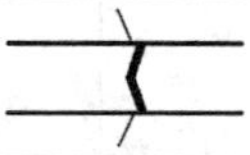 	上图为双坡 下图为单坡
36	郊区型道路断面	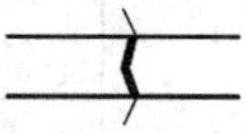 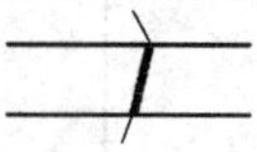	上图为双坡 下图为单坡
37	原有道路	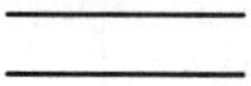	
38	计划扩建的道路		
39	拆除的道路	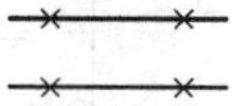	
40	人行道	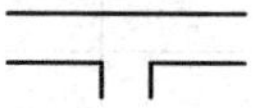	
41	三面坡式缘石坡道	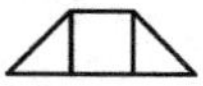	
42	单面坡式缘石坡道		
43	全宽式缘石坡道		
44	道路曲线段	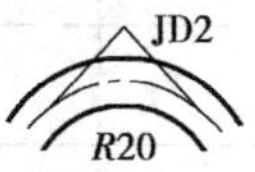 JD2 R20	"JD2"为曲线转折点编号 "R20"表示道路中心曲线半径为20 m
45	道路隧道		
46	涵洞	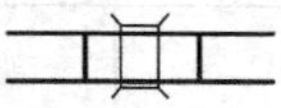	

序号	名称	图例	说明
47	水闸	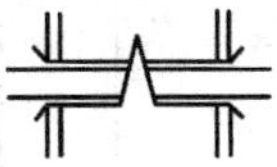	
48	码头	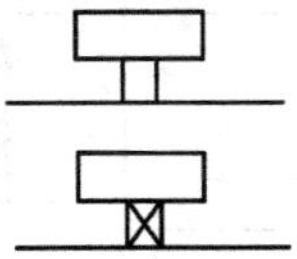	上图为固定码头 下图为浮动码头
49	驳岸	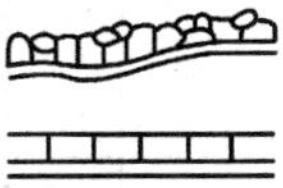	上图为假山石自然式驳岸 下图为整形砌筑规划式驳岸
50	跌水、瀑布	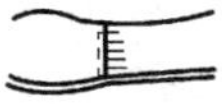	
51	溪间	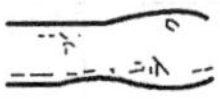	
52	铺砌场地	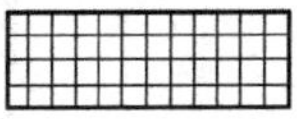	
53	车行桥	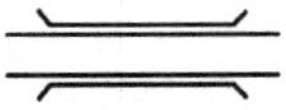	
54	人行桥	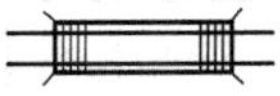	
55	亭桥	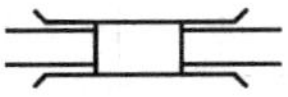	
56	铁索桥	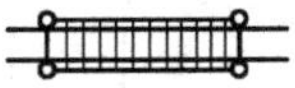	
57	汀步	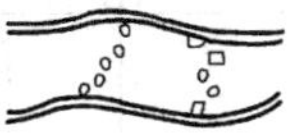	

2.3.2　园林绿化地图例

园林绿化地图例见表2.2。

表2.2　园林绿化地图例

序号	名称	图例	说明
1	旅游度假地	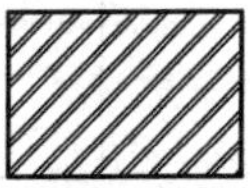	
2	服务设施地		
3	游憩、观赏绿地	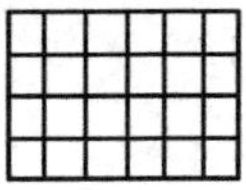	

续表

序号	名称	图例	说明
4	风景游览地		
5	防护绿地		
6	文物保护地		包括地面和地下两大类,地下文物保护地外框用粗虚线表示
7	苗圃花圃用地		
8	特殊用地		
9	针叶林地		需区分天然林地、人工林地时,可用细线界框表示天然林地,粗线界框表示人工林地
10	阔叶林地		
11	针阔混交林地		
12	灌木林地		
13	竹林地		
14	经济林地		
15	草原、草甸		

2.3.3 园林绿化常用材料图例

园林绿化常用材料图例见表2.3。

表 2.3　园林绿化常用材料图例

序号	名称	图例	说明
1	自然土		包括各种自然土
2	夯实土		
3	砂、灰土		靠近轮廓线绘较密的点
4	沙砾石、碎砖三合土		
5	石材		
6	毛石		
7	普通砖		包括实心砖、多孔砖、砌块等砌体。断面较窄不易绘出图线时,可以涂红表示
8	耐火砖		包括耐酸砖等砌体
9	空心砖		指非承重砖砌体
10	饰面砖		包括铺地砖、陶瓷锦砖(马赛克)、人造大理石等
11	混凝土		1. 本图例仅指能承重的混凝土及钢筋混凝土 2. 包括各种强度等级、骨料、添加剂的混凝土 3. 在剖面图上画出钢筋时,不画图例线 4. 断面图形小,不易画出图例线时,可涂黑
12	钢筋混凝土		
13	焦渣、矿渣		包括与水泥、石灰等混合而成的材料
14	多孔材料		包括水泥珍珠岩、沥青珍珠岩、泡沫混凝土、非承重加气混凝土、软木、蛭石制品等

续表

序号	名称	图例	说明
15	纤维材料	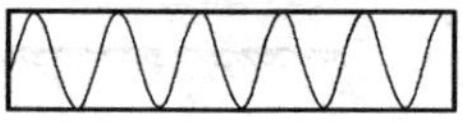	包括矿棉、岩棉、玻璃棉、麻丝、木丝板、纤维板等
16	泡沫、塑料、材料	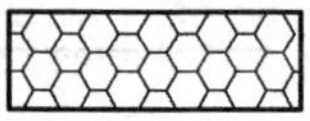	包括聚苯乙烯、聚乙烯、聚氨酯等多孔聚合物类材料
17	木材		1.上图为横断面,上左图为垫木、木砖、木龙骨 2.下图为纵断面
18	胶合板	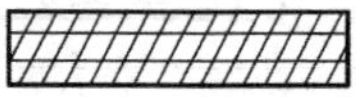	应注明为×层胶合板
19	石膏板	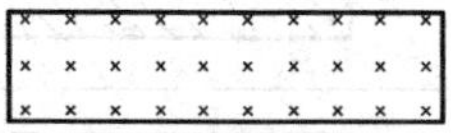	包括圆孔、方孔石膏板,防水石膏板等
20	金属		1.包括各种金属 2.图形小时,可涂黑
21	网状材料		1.包括金属、塑料网状材料 2.应注明具体材料名称
22	液体		应注明具体液体名称
23	玻璃	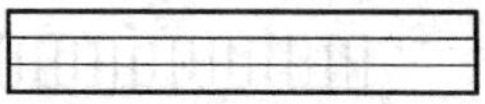	包括平面玻璃、磨砂玻璃、夹丝玻璃、钢化玻璃、中空玻璃、夹层玻璃、镀膜玻璃等
24	橡胶	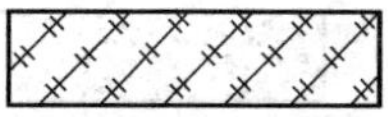	
25	塑料	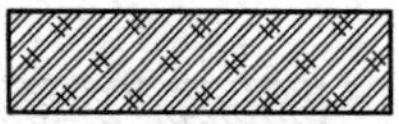	包括各种软、硬塑料及有机玻璃等
26	防水材料		构造层次多或比例大时,采用上面图例
27	粉刷	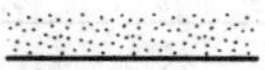	本图例采用较稀的点

2.3.4　绿化工程图例

绿化工程图例见表 2.4。

表 2.4　绿化工程图例

序号	名称	图例	说明
1	常绿针叶树		
2	落叶针叶树		
3	常绿阔叶乔木		
4	落叶阔叶乔木		
5	常绿阔叶灌木		
6	落叶阔叶灌木		
7	竹类		
8	花卉		
9	草坪		
10	花坛		
11	绿篱		
12	植草砖铺地		

2.3.5 园林植物图例

园林植物图例见表2.5。

表2.5 园林植物图例

序号	名称	图例
1	孤立树、保留大树 （落叶树）	
2	落叶大乔木 （毛白杨、法桐、垂柳、国槐等）	
3	常绿大乔木 （油松、白皮松、大侧柏等）	
4	落叶小乔木 （紫叶李、西府海棠、碧桃等）	
5	花灌木 （丁香、木槿、连翘、榆叶梅等）	
6	绿篱 （黄杨、桧柏、黄刺玫、花椒等）	

2.3.6 园林常用树形特征图例

（1）园林常用树形特征图例见表2.6。

表 2.6　园林常用树型特征图例

 中年树　幼年树 树种:油松、黑松、红松、樟子松、华山松 树冠:中年以后风姿形、云片状、伞状;幼树圆锥形 高度:20~30 m	 中年树 树种:雪松 树冠:尖塔状或塔状圆锥形,枝平展 高度:15~40 m	 中年老树　幼年树 树种:白皮松 树冠:中年以后倒卵形或圆形树冠;幼树广圆锥形 高度:25~30 m	 中年老树　幼年树 树种:侧柏 树冠:中年以后为圆球形或扁圆球形;幼树圆锥形 高度:15~20 m
 中年树　幼年树 树种:云杉、红皮云杉、青秆 树冠:广圆锥形 高度:25~30 m	 中年树　幼年树 树种:桧柏、西安刺柏、杜松 树冠:中年后扁圆球形;幼树圆锥形、柱状圆锥形 高度:15~20 m	 中年树　修剪半球状 树种:龙柏 树冠:圆锥形、枝扭转 高度:8~10 m	 中年树　修剪半球状 树种:锦熟黄杨、朝鲜黄杨、大叶黄杨 树冠:倒卵圆形 高度:2~6 m

（2）落叶乔木树形特征图例,见表 2.7。

表 2.7　落叶乔木树形特征图例

 中年树　幼年树 树种:毛白杨、加杨 树冠:长卵圆形 高度:35~40 m	 中年树　幼年树 树种:黑杨(美杨)、新疆杨 树冠:圆柱形 高度:20~30 m	 中年树　幼年树 树种:立柳、枫杨 树冠:倒卵形 高度:10~18 m	 中年树　幼年树 树种:合欢、小叶榕、椿树、凤凰木 树冠:伞状扁球形 高度:10~20 m
 中年树　幼年树 树种:悬铃木(法桐)、柿树、小青杨 树冠:卵圆形 高度:20~30 m	 中年树　幼年树 树种:中国槐、栾树、小叶朴、元宝枫 树冠:圆球形 高度:10~30 m	 中年树　幼年树 树种:馒头柳、龙爪槐 树冠:半圆球形 高度:5~10 m	 中年树　幼年树 树种:水杉、落叶松、池柏 树冠:广圆锥形 高度:20~30 m

（3）落叶树及灌木树形特征图例，见表2.8。

表2.8　落叶树及灌木树形特征图例

中年树　幼年树	中年树　幼年树	中年树　幼年树	中年树　幼年树
树种：银杏、白榆、七叶树 树冠：扁球形。幼年树圆锥形 高度：10～30 m	树种：刺槐（洋槐）、小叶白蜡、鹅掌楸、水曲柳 树冠：长圆球形 高度：10～15 m	树种：垂柳、垂枝榆、白桦 树冠：垂枝形 高度：10～20 m	树种：西府海棠、山桃、丝棉木、紫叶李 树冠：长圆球形 高度：5～8 m
树种：丁香 树冠：圆球形 高度：3～5 m	树种：连翘、紫穗槐、锦带花 树冠：垂枝半球形 高度：2～4 m	树种：黄刺梅、珍珠梅、太平花 树冠：圆球形 高度：2～4 m	树种：沙地柏、伏地柏 树冠：铺伏形 高度：1～2 m
树种：木槿、紫薇、紫荆 树冠：长圆形 高度：3～6 m	树种：小檗、贴梗海棠 树冠：半球形 高度：2～4 m	树种：榆叶梅、兰紫丁香 树冠：圆球形 高度：2～3 m	树种：矮紫杉 树冠：直立铺伏形 高度：1～2 m

2.3.7　园林绿地喷灌图例

园林绿地喷灌图例，见表2.9。

表2.9　园林绿地喷灌图例

序号	名称	图例	说明
1	循环给水管	——— XJ ———	
2	循环回水管	——— XH ———	
3	废水管	——— F ———	
4	压力废水管	——— YF ———	

续表

序号	名称	图例	说明
5	污水管	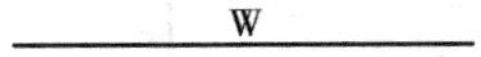 W	
6	压力污水管	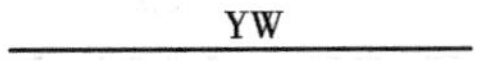 YW	
7	雨水管	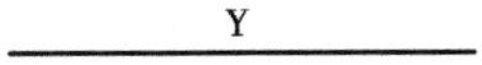 Y	
8	保温管		
9	地沟管		
10	防护套管		
11	管道立管	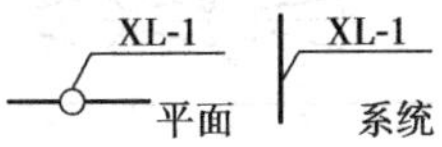 XL-1　平面　　XL-1　系统	X:管道类别 L:立管 1:编号

2.3.8　管道连接图例

管道连接图例,见表 2.10。

表 2.10　管道连接图例

序号	名称	图例	说明
1	法兰连接	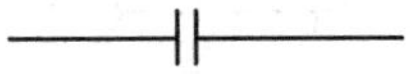	
2	承插连接		
3	活接头	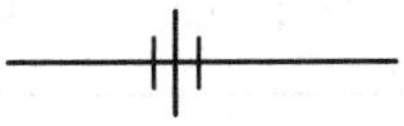	
4	管堵		
5	法兰堵盖		
6	弯折管	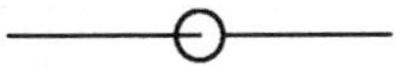	表示管道向后及向下弯转90°
7	三通连接	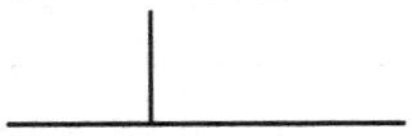	
8	四通连接	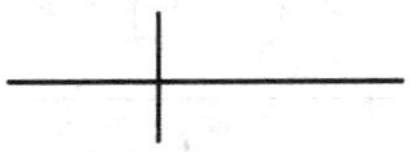	
9	盲板		

续表

序号	名称	图例	说明
10	管道丁字上接		
11	管道丁字下接		
12	管道交叉		
13	偏心异径管		
14	异径管		
15	乙字管		
16	喇叭口		
17	转动接头		
18	短管		
19	存水管		
20	弯头		
21	正三通		
22	斜三通		
23	正四通		
24	斜四通		

2.3.9　喷灌常用阀门图例

喷灌常用阀门图例,见表2.11。

表2.11　喷灌常用阀门图例

序号	名称	图例	说明
1	闸阀		
2	角阀		
3	三通阀		
4	四通阀		
5	截止阀		
6	电动阀		
7	液动阀		
8	气动阀		
9	减压阀		左侧为高压端
10	旋塞阀	平面　　系统	
11	底阀		
12	球阀		
13	隔膜阀		
14	电磁阀		
15	止回阀		
16	蝶阀		

2.3.10 园林绿地景观照明图例

园林绿地景观照明图例,见表2.12。

表2.12 园林绿地景观照明图例

序号	名称	图例	说明	标准
1	变电所、配电所	(1) ○ (2) ◉	(1)规划(设计)的; (2)运行的	=
2	变压器		双绕组变压器	=
3			三绕组变压器	=
4			自耦变压器	=
5	导线		导线(电线、电缆、连线)一般符号	=
6		形式1	示出3根导线	=
7		形式2		=
8	导线终端		导线或电缆终端未连接	=
9			导线或电缆终端未连接,并有专门的绝缘	=
10	柔性导线			=
11	线路		地下线路	=
12			水下(海底)线路	=
13			架空线路	=

序号	名称	图例	说明	标准
14	线路		管道线路 示例:	=
15			6孔管道的线路	=
16			具有埋入地下连接点的线路	=
17			具有充气或注油堵头的线路	=
18			具有充气或注油截止阀的线路	=
19			具有旁路的充气或注油堵头的线路	=
20	灯,信号灯,一般符号	⊗	(1)要求指示颜色时,则在靠近符号处标出下列代码: RD——红　YE——黄 GN——绿　BU——蓝 WH——白 (2)要求指示灯类型时,则在靠近符号处标出下列代码: Ne——氖　Xe——氙 Na——钠气　Hg——汞 I——碘　IN——白炽 EL——电发光　ARC——弧光 FL——荧光　IR——红外线 UV——紫外线 LED——发光二极管	=
21	投光灯			=
22	聚光灯			=
23	泛光灯			=
24	闪光型信号灯			=

续表

序号	名称	图例	说明	标准
25	荧光灯		荧光灯,一般符号 发光体,一般符号	=
26			示例:三管荧光灯	=
27			五管荧光灯	=
28	防瀑荧光灯			GB
29	在专用电路上的 事故照明灯			=
30	自带电源的事故 照明灯装置			=
31	气体放电灯的 辅助设备			=
32	深照型灯			GB
33	广照型灯 (配照型灯)			GB
34	防水防尘灯			GB
35	球形灯			GB
36	矿山灯			GB
37	局部照明灯			GB
38	安全灯			GB
39	隔爆灯			GB
40	天棚灯			GB
41	花灯			GB

续表

序号	名称	图例	说明	标准
42	弯灯			GB
43	屏、台、箱、柜一般符号			GB
44	动力或动力-照明配电箱			GB
45	信号板、信号箱（屏）			GB
46	照明配电箱（屏）			GB
47	事故照明配电箱（屏）			GB
48	多种电源配电箱（屏）			GB
49	直流配电盘（屏）			GB
50	交流配电盘（屏）			GB
51	电源自动切换箱（屏）			GB
52	电阻箱			GB
53	鼓形控制器			GB
54	自动开关箱			GB
55	刀开关箱			GB
56	带熔断器的刀开关箱			GB
57	避雷针			GB
58	避雷器			=

续表

序号	名称	图例	说明	标准
59	接地一般符号		如表示接地的状况或作用不够明显,可补充说明	=
60	无噪声接地 (抗干扰接地)			=
61	保护接地			=
62	电杆的一般符号 (单杆、中间杆)	$A{-}B$ C	A—杆材或所属部门 B—杆长 C—杆号	GB
63	带照明灯的电杆	$a\frac{b}{c}Ad$	a—编号;b—杆型;c—杆高; d—容量;A—连接相序	GB
64	装有投光灯的 架空线电杆	$a \cdot b\frac{c}{d}a \cdot A$ θ	a—编号; A—连接相序; b—投光灯型号;θ—偏角; c—容量; d—投光灯安装高度	GB

注:本表中标准栏的"="表示图形符号与国际标准 IEC 617 相同,"GB"表示我国标准。

第 **3** 章
工程计价基础

教学要求

- 了解工程造价的含义及作用、工程造价的费用组成。
- 熟悉工程建设定额、消耗量定额、单位计价表、清单计价规范和专业清单国家计量规范。
- 掌握清单计价法的各项费用计算。

本章以国家住房和城乡建设部建标(《建筑安装工程费用项目组成》[2013]44号文)为依据,介绍我国现行建筑安装工程费用构成;梳理作为工程计价依据的工程建设定额、消耗量定额、单位估价表、清单计价规范和各专业计量规范的基本知识;以某省的计价规则为依据,介绍工程量清单计价的方法。

3.1　工程造价及其构成

3.1.1　工程造价的含义、特点及作用

1.工程造价的含义

工程造价的直意就是工程的建造价格。工程造价有以下两种含义:

(1)工程投资费用

工程投资费用即指广义的工程造价。从投资者(业主)的角度来定义,工程造价是指有计划地建设某项工程,预期开支或实际开支的全部固定资产投资的费用。投资者选定一个投资项目,为了获得预期的效益,就要通过项目评估进行决策,然后进行设计招标、工程招标,直至竣工验收等一系列投资管理活动。在投资活动中所支付的全部费用形成了固定资产,所有这些开支就构成了工程造价。

（2）工程建造价格

工程建造价格即指狭义的工程造价。从承包者(承包商)，或供应商，或规划、设计等机构的角度来定义，为建成一项工程，预计或实际在土地市场、设备市场、技术劳务市场，以及承包市场等交易活动中所形成的建筑安装工程的价格和建设工程总价格。

（3）两种含义的差异

工程造价的两种含义是对客观存在的概括。它们既共生于一个统一体，又相互区别。最主要的区别在于需求主体和供给主体在市场追求的经济利益不同，因而管理的性质和管理目标不同。因此，降低工程造价是投资者始终如一的追求。作为工程价格，承包商所关注的是利润和高额利润，其追求的是较高的工程造价。不同的管理目标反映他们不同的经济利益，但他们都要受那些支配价格运动的经济规律的影响和调节。因此，他们之间的矛盾是市场的竞争机制和利益风险机制的必然反映。

2. 工程造价的特点

（1）大额性

任何一项建设工程，不仅实物形态庞大，而且造价高昂，需投资几百万、几千万甚至上亿的资金。工程造价的大额性关系到多方面的经济利益，同时也对社会宏观经济产生重大影响。

（2）单个性

任何一项建设工程都有特殊的用途，其功能、用途各不相同，因而使得每一项工程的结构、造型、平面布置、设备配置和内外装饰都有不同的要求。工程内容和实物形态的个别差异决定了工程造价的单个性。

（3）动态性

任何一项建设工程从决策到竣工交付使用，都会有一个较长的建设周期。在这一期间中如工程变更、材料价格波动、费率变动都会引起工程造价的变动，直至竣工决算后才能最终确定工程的实际造价。建设周期长，资金的时间价值突出，体现了工程造价的动态性。

（4）层次性

一项建设工程往往含有多个单项工程，一个单项工程又由多个单位工程组成，与此相适应，工程造价存在三个对应层次，即建设项目总造价、单项工程造价和单位工程造价。这就是工程造价的层次性。

（5）兼容性

一项建设工程往往包含有许多的工程内容，不同工程内容的组合、兼容就能适应不同的工程要求。工程造价是由多种费用及不同工程内容的费用组合而成，具有很强的兼容性。

3. 工程造价的作用

①工程造价是项目决策的依据。

②工程造价是制订投资计划和控制投资的依据。

③工程造价是筹集建设资金的依据。

④工程造价是评价投资效果的重要指标和手段。

3.1.2 工程造价的费用组成

1.广义的工程造价费用组成

广义的工程造价包含工程项目按照确定的建设内容,建设规模,建设标准、功能和使用要求等全部建成并验收合格交付使用所需的全部费用。

按照国家发改委和建设部发布的《建设项目经济评价方法与参数(第三版)》(发改投资[2006]1325号文)的规定,我国现行工程造价的构成主要内容为:建筑安装工程费用,设备及工、器具购置费用,工程建设其他费用,预备费,建设期利息,固定资产投资方向调节税。具体构成内容如图3.1所示。

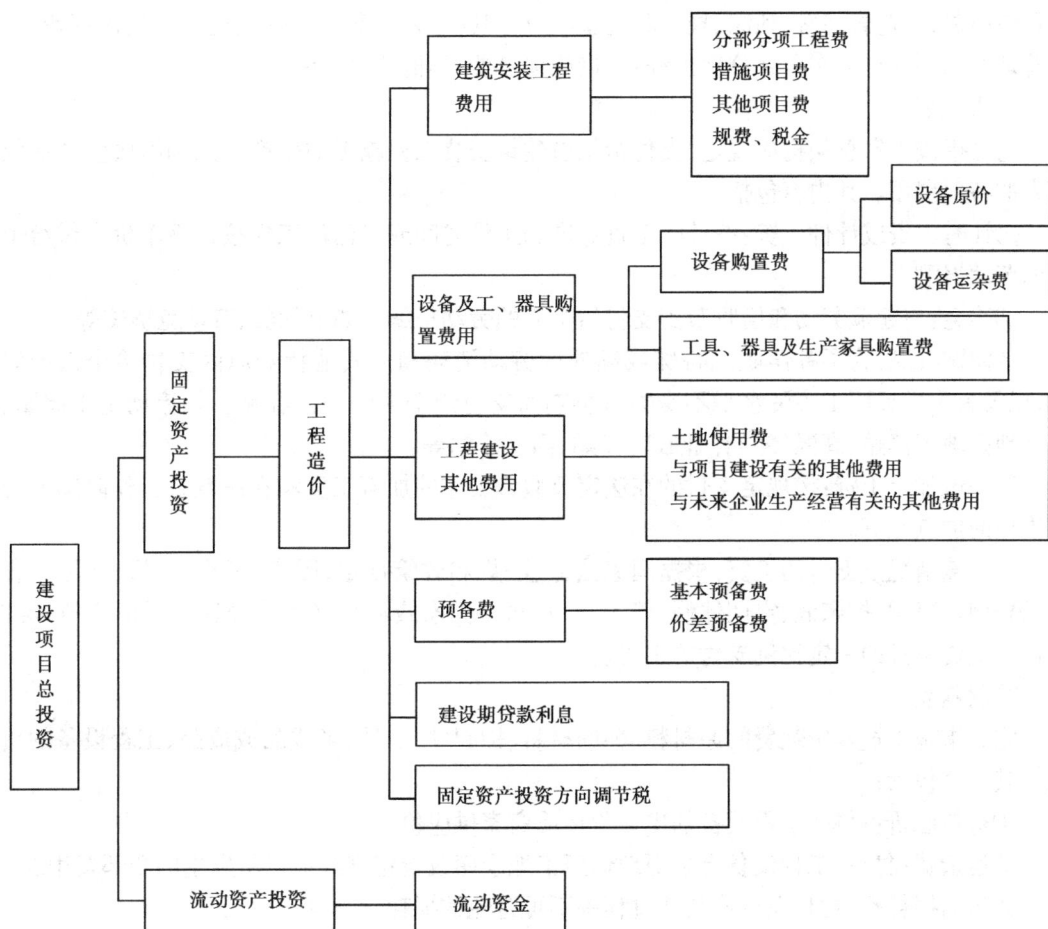

图3.1 建设项目总投资(广义工程造价)的构成

2.狭义的工程造价费用组成

狭义的工程造价即指建筑安装工程费用。根据国家住房和城乡建设部、财政部"关于印发《建筑安装工程费用项目组成》的通知"(建标[2013]44号文)的规定,我国现行建筑安装工程费用组成项目如图3.2如示。

```
                          人工费              分部分项工程费
                          材料费
                          施工机具使用费       措施项目费
建筑安装工程费            管理费
                          利润                其他项目费
                          规费
                          税金
```

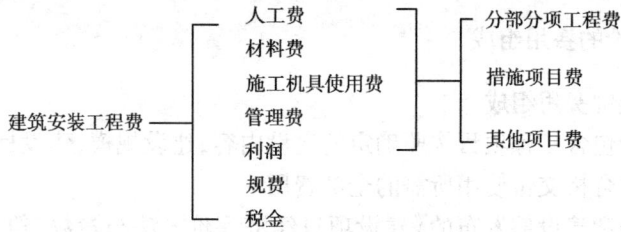

图 3.2　建筑安装工程费用的组成

（1）按费用构成要素划分

建筑安装工程费按照费用构成要素划分：由人工费、材料费（包含工程设备，下同）、施工机具使用费、企业管理费、利润、规费和税金组成。其中，人工费、材料费、施工机具使用费、企业管理费和利润包含在分部分项工程费、措施项目费、其他项目费中。

1）人工费

它是指按工资总额构成规定，支付给从事建筑安装工程施工的生产工人和附属生产单位工人的各项费用。其内容包括：

①计时工资或计件工资：按计时工资标准和工作时间或对已做工作按计件单价支付给个人的劳动报酬。

②奖金：对超额劳动和增收节支支付给个人的劳动报酬。如节约奖、劳动竞赛奖等。

③津贴补贴：为了补偿职工特殊或额外的劳动消耗和因其他特殊原因支付给个人的津贴，以及为了保证职工工资水平不受物价影响而支付给个人的物价补贴。如流动施工津贴、特殊地区施工津贴、高温（寒）作业临时津贴、高空津贴等。

④加班加点工资：按规定支付的在法定节假日工作的加班工资和在法定日工作时间外延时工作的加点工资。

⑤特殊情况下支付的工资：根据国家法律、法规和政策规定，因病、工伤、产假、计划生育假、婚丧假、事假、探亲假、定期休假、停工学习、执行国家或社会义务等原因按计时工资标准或计时工资标准的一定比例支付的工资。

2）材料费

它是指施工过程中耗费的原材料、辅助材料、构配件、零件、半成品或成品、工程设备的费用。其内容包括：

①材料原价：材料、工程设备的出厂价格或商家供应价格。

②运杂费：材料、工程设备自来源地运至工地仓库或指定堆放地点所发生的全部费用。

③运输损耗费：材料在运输装卸过程中不可避免的损耗。

④采购及保管费：为组织采购、供应和保管材料、工程设备的过程中所需要的各项费用。包括采购费、仓储费、工地保管费、仓储损耗。

⑤工程设备：构成或计划构成永久工程一部分的机电设备、金属结构设备、仪器装置及其他类似的设备和装置。

3）施工机具使用费

它是指施工作业所发生的施工机械、仪器仪表使用费或其租赁费。施工机具使用费由以下费用组成：

①折旧费：施工机械在规定的使用年限内，陆续收回其原值的费用。

②大修理费:施工机械按规定的大修理间隔台班进行必要的大修理,以恢复其正常功能所需的费用。

③经常修理费:施工机械除大修理以外的各级保养和临时故障排除所需的费用。包括为保障机械正常运转所需替换设备与随机配备工具附具的摊销和维护费用,机械运转中日常保养所需润滑与擦拭的材料费用及机械停滞期间的维护和保养费用等。

④安拆费及场外运费:安拆费指施工机械(大型机械除外)在现场进行安装与拆卸所需的人工、材料、机械和试运转费用以及机械辅助设施的折旧、搭设、拆除等费用;场外运费指施工机械整体或分体自停放地点运至施工现场或由一施工地点运至另一施工地点的运输、装卸、辅助材料及架线等费用。

⑤人工费:机上司机(司炉)和其他操作人员的人工费。

⑥燃料动力费:施工机械在运转作业中所消耗的各种燃料及水、电等费用。

⑦税费:施工机械按照国家规定应缴纳的车船使用税、保险费及年检费等。

4)企业管理费

企业管理费是指建筑安装企业组织施工生产和经营管理所需的费用。其内容包括:

①管理人员工资:按规定支付给管理人员的计时工资、奖金、津贴补贴、加班加点工资及特殊情况下支付的工资等。

②办公费:企业管理办公用的文具、纸张、账表、印刷、邮电、书报、办公软件、现场监控、会议、水电、烧水和集体取暖降温(包括现场临时宿舍取暖降温)等费用。

③差旅交通费:职工因公出差、调动工作的差旅费、住勤补助费,市内交通费和误餐补助费,职工探亲路费,劳动力招募费,职工退休、退职一次性路费,工伤人员就医路费,工地转移费以及管理部门使用的交通工具的油料、燃料等费用。

④固定资产使用费:管理和试验部门及附属生产单位使用的属于固定资产的房屋、设备、仪器等的折旧、大修、维修或租赁费。

⑤工具用具使用费:企业施工生产和管理使用的不属于固定资产的工具、器具、家具、交通工具和检验、试验、测绘、消防用具等的购置、维修和摊销费。

⑥劳动保险和职工福利费:由企业支付的职工退职金、按规定支付给离休干部的经费,集体福利费、夏季防暑降温、冬季取暖补贴、上下班交通补贴等。

⑦劳动保护费:企业按规定发放的劳动保护用品的支出。如工作服、手套、防暑降温饮料以及在有碍身体健康的环境中施工的保健费用等。

⑧检验试验费:施工企业按照有关标准规定,对建筑及材料、构件和建筑安装物进行一般鉴定、检查所发生的费用,包括自设试验室进行试验所耗用的材料等费用。不包括新结构、新材料的试验费,对构件做破坏性试验及其他特殊要求检验试验的费用和建设单位委托检测机构进行检测的费用,对此类检测发生的费用,由建设单位在工程建设其他费用中列支。但对施工企业提供的具有合格证明的材料进行检测不合格的,该检测费用由施工企业支付。

⑨工会经费:企业按《工会法》规定的全部职工工资总额比例计提的工会经费。

⑩职工教育经费:按职工工资总额的规定比例计提,企业为职工进行专业技术和职业技能培训,专业技术人员继续教育、职工职业技能鉴定、职业资格认定以及根据需要对职工进行各类文化教育所发生的费用。

⑪财产保险费:施工管理用财产、车辆等的保险费用。

⑫财务费:企业为施工生产筹集资金或提供预付款担保、履约担保、职工工资支付担保等所发生的各种费用。

⑬税金:企业按规定缴纳的房产税、车船使用税、土地使用税、印花税等。

⑭其他:包括技术转让费、技术开发费、投标费、业务招待费、绿化费、广告费、公证费、法律顾问费、审计费、咨询费、保险费等。

5)利润

它是指施工企业完成所承包工程获得的盈利。

6)规费

它是指按国家法律、法规规定,由省级政府和省级有关权力部门规定必须缴纳或计取的费用。其内容包括:

①养老保险费:企业按照规定标准为职工缴纳的基本养老保险费。

②失业保险费:企业按照规定标准为职工缴纳的失业保险费。

③医疗保险费:企业按照规定标准为职工缴纳的基本医疗保险费。

④生育保险费:企业按照规定标准为职工缴纳的生育保险费。

⑤工伤保险费:企业按照规定标准为职工缴纳的工伤保险费。

⑥住房公积金:企业按照规定标准为职工缴纳的住房公积金。

⑦工程排污费:按规定缴纳的施工现场工程排污费。

⑧其他应列而未列入的规费,按实际发生计取。

7)税金

税金是指国家税法规定的应计入建筑安装工程造价内的营业税、城市维护建设税、教育费附加以及地方教育附加。

(2)按造价形成划分

建筑安装工程费按照工程造价形成由分部分项工程费、措施项目费、其他项目费、规费、税金组成。其中,分部分项工程费、措施项目费、其他项目费均包含人工费、材料费、施工机具使用费、企业管理费和利润。

1)分部分项工程费

它是指各专业工程的分部分项工程应予列支的各项费用。

①专业工程:按现行国家国家计量规范划分的房屋建筑与装饰工程、仿古建筑工程、通用安装工程、市政工程、园林绿化工程、矿山工程、构筑物工程、城市轨道交通工程、爆破工程等各类工程。

②分部分项工程:按现行国家国家计量规范对各专业工程划分的项目。如房屋建筑与装饰工程划分的土石方工程、地基处理与桩基工程、砌筑工程、钢筋及钢筋混凝土工程等。

各类专业工程的分部分项工程划分见现行国家或行业国家计量规范。

2)措施项目费

它是指为完成建设工程施工,发生于该工程施工前和施工过程中的技术、生活、安全、环境保护等方面的费用。其内容包括:

①安全文明施工费

a.环境保护费:施工现场为达到环保部门要求所需要的各项费用。

b.文明施工费:施工现场文明施工所需要的各项费用。

c.安全施工费:施工现场安全施工所需要的各项费用。

d.临时设施费:施工企业为进行建设工程施工所必须搭设的生活和生产用的临时建筑物、构筑物和其他临时设施费用。包括临时设施的搭设、维修、拆除、清理费或摊销费等。

②夜间施工增加费:因夜间施工所发生的夜班补助费、夜间施工降效、夜间施工照明设备摊销及照明用电等费用。

③二次搬运费:因施工场地条件限制而发生的材料、构配件、半成品等一次运输不能到达堆放地点,必须进行二次或多次搬运所发生的费用。

④冬雨季施工增加费:在冬季或雨季施工需增加的临时设施、防滑、排除雨雪,人工及施工机械效率降低等费用。

⑤已完工程及设备保护费:竣工验收前,对已完工程及设备采取的必要保护措施所发生的费用。

⑥工程定位复测费:工程施工过程中进行全部施工测量放线和复测工作的费用。

⑦特殊地区施工增加费:工程在沙漠或其边缘地区、高海拔、高寒、原始森林等特殊地区施工增加的费用。

⑧大型机械设备进出场及安拆费:机械整体或分体自停放场地运至施工现场或由一个施工地点运至另一个施工地点,所发生的机械进出场运输及转移费用及机械在施工现场进行安装、拆卸所需的人工费、材料费、机械费、试运转费和安装所需的辅助设施的费用。

⑨脚手架工程费:施工需要的各种脚手架搭、拆、运输费用以及脚手架购置费的摊销(或租赁)费用。

⑩措施项目及其包含的内容详见各类专业工程的现行国家或行业国家计量规范。

3)其他项目费

①暂列金额:建设单位在工程量清单中暂定并包括在工程合同价款中的一笔款项。用于施工合同签订时尚未确定或者不可预见的所需材料、工程设备、服务的采购,施工中可能发生的工程变更、合同约定调整因素出现时的工程价款调整以及发生的索赔、现场签证确认等的费用。

②计日工:在施工过程中,施工企业完成建设单位提出的施工图纸以外的零星项目或工作所需的费用。

③总承包服务费:总承包人为配合、协调建设单位进行的专业工程发包,对建设单位自行采购的材料、工程设备等进行保管以及施工现场管理、竣工资料汇总整理等服务所需的费用。

4)规费

它是指按国家法律、法规规定,由省级政府和省级有关权力部门规定必须缴纳或计取的费用。其内容包括:养老保险费、失业保险费、医疗保险费、生育保险费、工伤保险费、住房公积金、工程排污费等。

其他应列而未列入的规费,按实际发生计取。

5)税金

税金是指国家税法规定的应计入建筑安装工程造价内的营业税、城市维护建设税、教育费附加以及地方教育附加。

3.2　工程计价依据

3.2.1　工程建设定额

1.定额的含义

定额即指规定的额度。工程建设定额是指在工程建设中单位合格产品消耗人工、材料、机械使用量的规定额度。这种规定的额度反映的是在一定的社会生产力发展水平的条件下，完成工程建设中的某项产品与各种生产耗费之间特定的数量关系。

在工程建设定额中，单位合格产品的外延是很不确定的。它可以是工程建设的最终产品——建设项目，如一个钢铁厂、一所学校等；也可以是建设项目中的某单项工程，如一所学校中的图书馆、教学楼、学生宿舍楼等；也可以是单项工程中的单位工程，如一栋教学楼中的建筑工程、水电安装工程、装饰装修工程等；还可以是单位工程中的分部分项工程，如砌一砖清水砖墙、砌1/2砖混水砖墙等。

2.定额的分类

工程建设定额是工程建设中各类定额的总称，它包括许多种类的定额，为了对工程建设定额能有一个全面地了解，可以按照不同的原则和方法对它进行科学的分类。

（1）按定额反映的生产要素内容分类

按定额反映的生产要素内容可以把工程建设定额分为劳动消耗定额、材料消耗定额和机械消耗定额3种。

1）劳动消耗定额

劳动消耗定额简称劳动定额，或称人工定额。它是指完成单位合格产品所需活劳动（人工）消耗的数量标准。为了便于综合和核算，劳动定额大多采用工作时间消耗量来计算劳动消耗的数量。所以劳动定额主要表现形式是时间定额，同时也表现为产量定额。人工时间定额和产量定额互为倒数关系。

2）材料消耗定额

材料消耗定额简称材料定额。它是指完成单位合格产品所需消耗材料的数量标准。材料是工程建设中使用的原材料、成品、半成品、构配件、燃料以及水、电等动力资源的统称。

3）机械消耗定额

机械消耗定额简称机械定额。它是指为完成单位合格产品所需施工机械消耗的数量标准。机械消耗定额的主要表现形式是机械时间定额，同时也表现为产量定额。机械时间定额和机械产量定额互为倒数关系。

（2）按照定额的编制程序和用途分类

按照定额的编制程序和用途可以把工程建设定额分为施工定额、消耗量定额、概算定额、概算指标、投资估算指标5种。

1）施工定额

施工定额是以"工序"为研究对象编制的定额。它由劳动定额、机械定额和材料定额3个相对独立的部分组成。为了适应组织生产和管理的需要，施工定额的项目划分很细，是工程建设定额中分项最细、定额子目最多的一种定额,也是工程建设定额中的基础性定额。

施工定额是施工企业组织施工生产和加强管理在企业内部使用的一种定额,属于企业生产定额的性质。施工定额是作为编制工程的施工组织设计、施工预算、施工作业计划、签发施工任务单、限额领料及结算计件工资或计算奖励工资等的依据,同时也是编制消耗量定额的基础。

2)预算定额

预算定额是以建筑物或构筑物的各个分部分项工程为对象编制的定额。消耗量定额的内容包括劳动定额、材料定额和机械定额三个组成部分。

预算定额属计价定额的性质。在编制施工图预算时,它是计算工程造价和计算工程中所需劳动力、机械台班、材料数量时使用的一种定额,是确定工程预算和工程造价的重要基础,也可作为编制施工组织设计的参考。同时预算定额也是概算定额的编制基础,所以预算定额在工程建设定额中占有很重要的地位。

3)概算定额

概算定额是以扩大的分部分项工程为对象编制的定额,是在消耗量定额的基础上综合扩大而成的,每一综合分项概算定额都包含了数项消耗量定额的内容。概算定额的内容也包括劳动定额、材料定额和机械定额 3 个组成部分。

概算定额也是一种计价定额。它是编制扩大初步设计概算时,计算和确定工程概算造价,计算劳动力、机械台班、材料需要量所使用的定额。

4)概算指标

概算指标是以整个建筑物和构筑物为对象,以更为扩大的计量单位来编制的一种计价指标。它是在初步设计阶段,计算和确定工程的初步设计概算造价,计算劳动力、机械台班、材料需要量时所采用的一种指标。概算指标是编制年度任务计划、建设计划的参考,也是编制投资估算指标的依据。

5)投资估算指标

投资估算指标是以独立的单项工程或完整的工程项目为对象,根据历史形成的预决算资料编制的一种指标。其内容一般可分为建设项目综合指标、单项工程指标和单位工程指标 3 个层次。

投资估算指标也是一种计价指标。它是在项目建议书和可行性研究阶段编制投资估算、计算投资需要量时使用的定额,也可作为编制固定资产长远计划投资额的参考。

(3)按照专业性质分类

工程建设定额分为全国通用定额、行业通用定额和专业专用定额 3 种。全国通用定额是指在部门间和地区间都可以使用的定额;行业通用定额是指具有专业特点在行业部门内可以通用的定额;专业专用定额是指特殊专业的定额,只能在指定范围内使用。

(4)按主编单位和管理权限分类

工程建设定额可分为全国统一定额、行业统一定额、地区统一定额、企业定额和补充定额 5 种。

1)全国统一定额

全国统一定额是由国家建设行政主管部门综合全国工程建设中技术和施工组织管理的情况编制,并在全国范围内执行的定额,如《全国统一建筑工程基础定额》《全国统一安装工程定额》、《全国统一市政工程定额》等。

2）行业统一定额

行业统一定额是考虑到各行业部门专业工程技术特点，以及施工生产和管理水平编制的。它一般是只在本行业和相同专业性质的范围内使用的专业定额，如《矿井建设工程定额》、《铁路建设工程定额》等。

3）地区统一定额

地区统一定额包括省、自治区、直辖市定额。地区统一定额主要是考虑地区性特点和全国统一定额水平作适当调整补充编制的，如《上海市建筑工程预算定额》、《广东省建筑工程预算定额》等。

4）企业定额

企业定额是指由施工企业考虑本企业具体情况，参照国家、部门或地区定额的水平制定的定额。企业定额只在企业内部使用，它是企业素质的一个标志。企业定额水平一般应高于国家现行预算定额，这样才能满足生产技术发展、企业管理和市场竞争的需要。

5）补充定额

补充定额是指随着设计、施工技术的发展，在现行定额不能满足需要的情况下，为了补充缺项所编制的定额。补充定额只能在指定的范围内使用，一般由施工企业提出测定资料，与建设单位或设计部门协商补充，只作为一次使用，并同时报主管部门备查，以后陆续遇到此种同类项目时，经过总结和分析，往往成为补充或修订正式统一定额的基本资料。

3.2.2 消耗量定额和单位估价表

1. 消耗量定额的概念

消耗量定额（预算定额在实际应用中的另一种名称），是指完成单位合格产品（分项工程或结构构件）所需的人工、材料和机械消耗的数量标准，是计算建筑安装产品价格的基础。如栽植带土球的乔木（土球直径在 140 cm 以内），人工消耗 2.65 工日/株，水消耗 0.5 m³/株，16 t 汽车式起重机消耗 0.081 台班/株。

消耗量定额是工程建设中一项重要的技术经济文件，它的各项指标反映了在完成单位分项工程消耗的活劳动和物化劳动的数量限度。编制施工图预算时，需要按照施工图纸和工程量计算规则计算工程量，还需要借助于某些可靠的参数计算人工、材料和机械（台班）的消耗量，并在此基础上计算出资金的需要量，计算出建筑安装工程的价格。

2. 消耗量定额的性质

消耗量定额是在编制施工图预算时，计算工程造价和计算工程中人工、材料和机械台班消耗量使用的一种定额。消耗量定额是一种计价性质的定额，在工程建设定额中占有很重要的地位。

3. 消耗量定额的作用

（1）消耗量定额是编制施工图预算、确定建筑安装工程造价的基础

施工图设计完成以后，工程预算就取决于工程量计算是否准确，消耗量定额水平，人工、材料、机械台班的单价，取费标准等因素。所以，消耗量定额是确定建筑安装工程造价的基础之一。

（2）消耗量定额是编制施工组织设计的依据

施工组织设计的重要任务之一是确定施工中人工、材料、机械的供求量，并做出最佳安

排。施工单位在缺乏企业定额的情况下,根据消耗量定额也能较准确地计算出施工中所需的人工、材料、机械的需要量,为有计划组织材料采购和预制构件加工、劳动力和施工机械的调配,提供了可靠的计算依据。

(3)消耗量定额是工程结算的依据

工程结算是建设单位和施工单位按照工程进度对已完成的分部分项工程实现货币支付的行为。按进度支付工程款,需要根据消耗量定额将已完工程的造价计算出来。单位工程验收后,再按竣工工程量、消耗量定额和施工合同规定进行竣工结算,以保证建设单位建设资金的合理使用和施工单位的经济收入。

(4)消耗量定额是施工单位进行经济活动分析的依据

消耗量定额规定的人工、材料、机械的消耗指标是施工单位在生产经营中允许消耗的最高标准。在目前,消耗量定额决定着施工单位的收入,施工单位就必须以消耗量定额作为评价企业工作的重要标准,作为努力实现的具体目标。只有在施工中尽量降低劳动消耗、采用新技术、提高劳动者的素质,提高劳动生产率,才能取得较好的经济效果。

(5)消耗量定额是编制概算定额的基础

概算定额是在消耗量定额的基础上经综合扩大编制的。利用消耗量定额作为编制依据,不但可以节约编制工作需大量的人力、物力、时间,收到事半功倍的效果,还可以使概算定额在定额的水平上保持一致。

(6)消耗量定额是合理编制招标控制价、投标报价的基础

在招投标阶段,建设单位所编制的招标控制价,须参照消耗量定额编制。随着工程造价管理的不断深化改革,对于施工单位来说,消耗量定额作为指令性的作用正日益削弱,施工企业的报价按照企业定额来编制。只是现在施工单位无企业定额,还在参照消耗量定额编制投标报价。

4.单位估价表

单位估价表是消耗量定额价格表现的具体形式,是以货币形式确定的一定计量单位分部分项工程或结构构件人工费、材料费、机械费的表格文件。它是根据消耗量定额所确定的人工、材料、机械台班消耗数量乘以人工工资单价、材料预算单价、机械台班单价汇总而成的一种表格。

单位估价表的内容由两部分组成:一是消耗量定额规定的人工、材料、机械台班的消耗数量;二是当地现行的人工工资单价、材料预算单价、机械台班单价。编制单位估价表就是把三种“量”与“价”分别结合起来,得出分部分项工程的人工费、材料费、机械费,汇总即称为分部分项工程基价。

5.消耗量定额的内容

消耗量定额一般以单位工程为对象编制,按分部工程分章,章以下为节,节以下为定额子目,每一个定额子目代表一个与之相对应的分项工程,所以分项工程是构成消耗量定额的最小单元。消耗量定额为方便使用,一般表现为“量、价”合一,再加上必要的说明与附录,这样就组成了一套消耗量定额手册。

完整的消耗量定额手册一般由以下内容构成。

(1)建设主管部门发布的文件

该文件是消耗量定额具有法令性的必要依据。文件中明确规定消耗量定额的执行时间、

适用范围,并说明了消耗量定额的解释权和管理权。

（2）消耗量定额总说明

其内容包括：

①消耗量定额的指导思想、目的和作用,以及适用范围。

②消耗量定额的编制原则、编制的主要依据。

③消耗量定额的一些共性问题。如人工、材料、机械台班消耗量如何确定;人工、材料、机械台班消耗量允许换算的原则;消耗量定额考虑的因素、未考虑的因素及未包括的内容;其他的一些共性问题等。

（3）建筑面积计算规则

其内容包括建筑面积计算的具体规定,不计算的范围等。

（4）分部工程说明及计算规则

其内容包括：

①各分部工程定额的内容、换算及调整系数规定。

②各分部工程工程量计算规则。

（5）分项工程定额项目表

其内容包括：

①表头上注明的分项工程工作内容及施工工艺标准。

②分部分项工程的定额编号、项目名称。

③各定额子目的"基价",包括：人工费、材料费、机械费的单价。

④各定额子目的人工、材料、机械的名称和单位、单价、消耗数量。

（6）附录及附表

一般情况是编排混凝土及砂浆的配合比表,用于组价和二次材料分析。

6.消耗量定额或单位估价表的应用

①若采用定额计价法编制单位工程施工图预算,可利用消耗量定额手册中的"单位估价表"计算分项工程的人工费、材料费和机械费。

【例3.1】 某地《园林绿化工程消耗量定额》中栽植带土球的乔木的定额和单位估价表见表3.1。

表3.1 栽植带土球的乔木单位估价表

定额单位:株

定额编号		05010070
项 目		栽植乔木（带土球）
		土球直径(cm 以内)
		140
基 价		220.16
其 中	人工费	148.84
	材料费	2.80
	机械费	68.52

续表

定额编号				05010070
名　称	单位	单价		数量
人工	综合工日	工日	63.88	2.330
材料	乔木(带土球)	株	—	(1.000)
	水	m³	5.60	0.500
机械	汽车式起重机16 t	台班	906.84	0.040
	载重汽车 装载质8 t	台班	474.21	0.068

若栽植带土球直径140 cm的乔木125株,试计算所需的人、材、机费。

【解】　人工费$=148.84×125=18\ 605(元)$

材料费(不含乔木费)$=2.8×125=350(元)$

机械费$=68.52×125=8\ 565(元)$

②若采用工程量清单计价法编制单位工程施工图预算,可利用消耗量定额中人工、材料、机械台班消耗量,结合当地的人工、材料、机械台班单价,以及管理费率和利润率确定分部分项工程的综合单价,进而计算出分部分项工程费。

【例3.2】　某地《园林绿化工程消耗量定额》中栽植带土球的乔木的定额消耗和单位估价表见表3.1。招标文件提供的工程量清单中"栽植带土球的乔木"清单工程量为125株。

已知该地区的人工工资单价、材料单价和机械台班单价同定额,管理费率为28%(以人、机费之和为计费基数);利润率为15%(以人、机费之和为计费基数)。试计算完成"栽植带土球的乔木"125株所需的分部分项工程费。

【解】　工程量清单计价中的综合单价是由人工费、材料费、机械费、管理费、利润组成。从表3.1可知定额编号为"05010070"的栽植带土球直径140 cm的乔木的人、材、机费单价,再依据管理费率、利润率求出管理费和利润单价,从而可求出栽植带土球直径140 cm的乔木分项工程的综合单价,最后求出栽植125株带土球直径140 cm的乔木的分部分项工程费。具体计算如下:

人工费单价$=148.84(元/株)$

材料费(不含乔木费)单价$=2.8(元/株)$

机械费单价$=68.52(元/株)$

管理费单价$=(148.84+68.52×8\%)×28\%=43.21(元/株)$

利润单价$=(148.84+68.52×8\%)×15\%=23.15(元/株)$

综合单价$=148.84+2.8+68.52+43.21+23.15=286.52(元/株)$

所以,栽植125株带土球直径140 cm的乔木的分部分项工程费(不含乔木费)为:
$$286.52×125=35\ 815(元)$$

③根据消耗量定额消耗量进行工料分析。单位工程施工图预算的工料分析,是根据单位工程各分部分项工程的预算工程量,运用消耗量定额详细计算出一个单位工程的人工、材料、机械台班的需用量的分解汇总过程。

通过工料分析,可得到单位工程对人工、材料、机械台班的需用量,它是工程消耗的最高限额;是编制单位工程劳动计划、材料供应计划的基础;是经济核算的基础;是向生产班组下达施工任务和考核人工、材料节超情况的依据。它为分析技术经济指标提供依据;并为编制施工组织设计和施工方案提供依据。

【例 3.3】 若栽植带土球直径 140 cm 的乔木 125 株,试依据某地《园林绿化工程消耗量定额》中栽植带土球的乔木的定额消耗和单位估价表(见表 3.1)计算人工、水和 16 t 汽车式起重机的需用量。

【解】 分析计算如下:

人工工日 $= 2.33 \times 125 = 291.25$(工日)

水的需用量 $= 0.50 \times 125 = 62.5$(m^3)

16 t 汽车式起重机的需用量 $= 0.040 \times 125 = 5$(台班)

3.2.3 清单计价规范

国家标准《建设工程工程量清单计价规范》(GB 50500)(以下简称《清单规范》),自 2003 年 7 月 1 日起实施。

《清单规范》是根据《中华人民共和国建筑法》、《中华人民共和国合同法》、《中华人民共和国招投标法》等法律,以及最高人民法院《关于审理建设工程施工合同纠纷案件适用法律问题的解释》(法释[2004]14 号),按照我国工程造价管理改革的总体目标,本着国家宏观调控、市场竞争形成价格的原则制定的。

2008 版《清单规范》总结了 2003 版《清单规范》实施以来的经验,针对执行中存在的问题,特别是清理拖欠工程款工作中普遍反映的,在工程实施阶段中有关工程价款调整、支付、结算等方面缺乏依据的问题,主要修订了 2003 版规范正文中不尽合理、可操作性不强的条款及表格格式,特别增加了采用工程量清单计价如何编制工程量清单和招标控制价、投标报价、合同价款约定以及工程计量与价款支付、工程价款调整、索赔、竣工结算、工程计价争议处理等内容,并增加了条文说明。

2013 版《清单规范》在 2008 版的基础上,对体系作了较大调整,形成了 1 本《清单计价规范》,9 本《国家计量规范》的格局,具体内容是:

(1)《建设工程工程量清单计价规范》(GB 50500—2013)

(2)《房屋建筑与装饰工程工程量计算规范》(GB 50854—2013)

(3)《仿古建筑工程工程量计算规范》(GB 50855—2013)

(4)《通用安装工程工程量计算规范》(GB 50856—2013)

(5)《市政工程工程量计算规范》(GB 50857—2013)

(6)《园林绿化工程工程量计算规范》(GB 50858—2013)

(7)《矿山工程工程量计算规范》(GB 50859—2013)

(8)《构筑物工程工程量计算规范》(GB 50860—2013)

(9)《城市轨道交通工程工程量计算规范》(GB 50861—2013)

(10)《爆破工程工程量计算规范》(GB 50862—2013)

《清单规范》是统一工程量清单编制、规范工程量清单计价的国家标准;是调节建设工程招标投标中使用清单计价的招标人、投标人双方利益的规范性文件;是我国在招标投标中实行工程量清单计价的基础;是参与招标投标各方进行工程量清单计价应遵守的准则;是各级建设行政主管部门对工程造价计价活动进行监督管理的重要依据。

《计价规范》内容包括:总则、术语、一般规定、工程量清单编制、招标控制价、投标报价、合同价款约定、工程计量、合同价款调整、合同价款中期支付、合同解除的价款结算与支付、合同价款争议的解决、工程造价鉴定、工程计价资料与档案、工程计价表格及 11 个附录。

工程量清单计价的表格主要有以下 20 种。

1. 用于招标控制价的封面(见表 3.2)

表 3.2　招标控制价封面

＿＿＿＿＿＿＿＿＿＿＿＿工程
招标控制价

招标人:＿＿＿＿＿＿＿＿＿＿＿＿＿
　　　　　　（单位盖章）
造价咨询人:＿＿＿＿＿＿＿＿＿＿
　　　　　　（单位盖章）
　　　　　　年　月　日

2. 用于招标控制价的扉页(见表 3.3)

表 3.3　招标控制价扉页

＿＿＿＿＿＿＿＿＿＿＿＿工程
招标控制价

招标控制价(小写):＿＿＿＿＿＿＿＿＿＿＿＿＿＿＿＿
　　　　　（大写):＿＿＿＿＿＿＿＿＿＿＿＿＿＿＿＿
招标人:＿＿＿＿＿＿＿＿　　造价咨询人:＿＿＿＿＿＿＿＿
　　　　（单位盖章）　　　　　　　　　（单位资质专用章）
法定代表人　　　　　　　　　法定代表人
或其授权人:＿＿＿＿＿＿＿　　或其授权人:＿＿＿＿＿＿＿
　　　　（签字或盖章）　　　　　　　　　（签字或盖章）
编制人:＿＿＿＿＿＿＿＿　　复核人:＿＿＿＿＿＿＿＿
　　　（造价人员签字盖专用章）　　　（造价工程师签字盖专用章）
编制时间:　年　月　日　　　复核时间:　年　月　日

3. 用于投标报价的封面（见表 3.4）

表 3.4　投标报价封面

_____**工程**

投标报价

投标人：_____

（单位盖章）

年　月　日

4. 用于投标报价的扉页（见表 3.5）

表 3.5　投标报价扉页

_____**工程**

投标总价

招 标 人：_____

工程名称：_____

投标总价（小写）：_____

（大写）：_____

投标人：_____

（单位盖章）

法定代表人或其授权人：_____

（签字或盖章）

编制人：_____

（造价人员签字盖专用章）

编制时间：　年　月　日

5. 编制总说明（见表 3.6）

表 3.6　总说明

1）工程概况：

2）编制依据：

3）其他问题：

6. 建设项目总价汇总表(见表3.7)

表3.7　建设项目招标控制价/投标报价汇总表

工程名称：　　　　　　　　　　　　　　　　　　　　　　　　　第　页、共　页

序号	单项工程名称	金额/元	其中:金额/元			
			暂估价	安全文明施工费	规费	税金
	合计					

7. 单项工程费用汇总表(见表3.8)

表3.8　单项工程招标控制价/投标报价汇总表

工程名称：　　　　　　　　　　　　　　　　　　　　　　　　　第　页、共　页

序号	单位工程名称	金额/元	其中:/元			
			暂估价	安全文明施工费	规费	税金
	合计					

8. 单位工程费用汇总表(见表3.9)

表3.9　单位工程招标控制价/投标报价汇总表

工程名称：　　　　　　　　　　　　　　　　　　　　　　　　　第　页、共　页

序号	汇总内容	金额/元	其中:暂估价/元
1	分部分项工程费		
1.1	人工费		
1.2	材料费		
1.3	设备费		

续表

序号	汇总内容	金额/元	其中:暂估价/元
1.4	机械费		
1.5	管理费和利润		
2	措施项目费		
2.1	单价措施项目费		
2.1.1	人工费		
2.1.2	材料费		
2.1.3	机械费		
2.1.4	管理费和利润		
2.2	总价措施项目费		
2.2.1	安全文明施工费		
2.2.2	其他总价措施项目费		
3	其他项目费		
3.1	暂列金额		
3.2	专业工程暂估价		
3.3	计日工		
3.4	总承包服务费		
3.5	其他		
4	规费		
5	税金		
招标控制价/投标报价合计 = 1 + 2 + 3 + 4 + 5			

9. 分部分项工程/单价措施项目清单与计价表(见表 3.10)

表 3.10　分部分项工程/单价措施项目清单与计价表

工程名称：　　　　　　　　　　　　　　　　　　　　　　　　第　页、共　页

序号	项目编码	项目名称	项目特征描述	计量单位	工程量	金额/元				
						综合单价	合价	其中		
								人工费	机械费	暂估价
本页小计										
合计										

10. 综合单价分析表(见表 3.11)

表 3.11　综合单价分析表

工程名称：　　　　　　　　　　　　　　　　　　　　　　　　　　　　　　第　页、共　页

序号	项目编码	项目名称	计量单位	工程量	清单综合单价组成明细											
					定额编号	定额名称	定额单位	数量	单价/元			合价/元				综合单价
									人工费	材料费	机械费	人工费	材料费	机械费	管理费和利润	
					小计											
					小计											

11. 综合单价材料明细表(见表 3.12)

表 3.12　综合单价材料明细表

工程名称：　　　　　　　　　　　　　　　　　　　　　　　　　　　　　　第　页、共　页

序号	项目编码	项目名称	计量单位	工程量	材料组成明细						
					主要材料名称、规格、型号	单位	数量	单价/元	合价/元	暂估材料单价/元	暂估材料合价/元
					其他材料费						
					材料费小计						

续表

序号	项目编码	项目名称	计量单位	工程量	材料组成明细						
					主要材料名称、规格、型号	单位	数量	单价/元	合价/元	暂估材料单价/元	暂估材料合价/元
					其他材料费						
					材料费小计						

注:招标文件提供了暂估单价的材料,按暂估的单价填入表内"暂估单价"栏和"暂估合价"栏。

12.总价措施项目清单与计价表(见表 3.13)

表3.13 总价措施项目清单与计价表

工程名称: 第 页、共 页

序号	项目编码	项目名称	计算基础	费率/%	金额/元	调整费率/%	调整后金额/元	备注
		小计						

注:按施工方案计算的措施费,若无"计算基础"和"费率"的数值,也可只填"金额"数值,但应在备注栏说明施工方案出处或计算方法。

13.其他项目清单与计价汇总表(见表 3.14)

表3.14 其他项目清单与计价汇总表

工程名称: 第 页、共 页

序号	项目名称	金额/元	结算金额/元	备注
1	暂列金额			详见明细表
2	暂估价			
2.1	材料(工程设备)暂估价/结算价	—	—	详见明细表
2.2	专业工程暂估价/结算价			详见明细表
3	计日工			详见明细表
4	总承包服务费			详见明细表
5	其他			
5.1	人工费调差			

序号	项目名称	金额/元	结算金额/元	备注
5.2	机械费调差			
5.3	风险费			
5.4	索赔与现场签证			详见明细表
	合计			

注:①材料(工程设备)暂估单价进入清单项目综合单价,此处不汇总。

　②人工费调差、机械费调差和风险费应在备注栏说明计算方法。

14. 暂列金额明细表(见表 3.15)

表 3.15　暂列金额明细表

工程名称:　　　　　　　　　　　　　　　　　　　　　　第　页、共　页

序号	项目名称	计量单位	暂定金额/元	备注
	合计			

注:此表由招标人填写,如不能详列,也可只列暂定金额总额,投标人应将上述暂列金额计入投标总价中。

15. 材料暂估价表(见表 3.16)

表 3.16　材料(工程设备)暂估单价及调整表

工程名称:　　　　　　　　　　　　　　　　　　　　　　第　页、共　页

序号	材料(工程设备)名称、规格、型号	计量单位	数量		暂估/元		确认/元		差额 ±/元		备注
			暂估	确认	单价	合价	单价	合价	单价	合价	
	合计										

注:此表由招标人填写"暂估单价",并在备注栏内说明暂估价的材料、工程设备拟用在哪些清单项目上,投标人应将上述材料、工程设备"暂估单价"计入工程量清单综合单价报价中。

16. 专业工程暂估价表(见表3.17)

表3.17　专业工程暂估价及结算价表

工程名称：　　　　　　　　　　　　　　　　　　　　　　　　　　第　页、共　页

序号	工程名称	工程内容	暂估金额/元	结算金额/元	差额±/元	备注
	合　计					

注:此表"暂估金额"由招标人填写,投标人应将"暂估金额"计入投标总价中。结算时按合同约定结算金额填写。

17. 计日工表(见表3.18)

表3.18　计日工表

工程名称：　　　　　　　　　　　　　　　　　　　　　　　　　　第　页、共　页

序号	项目名称	单位	暂定数量	实际数量	综合单价/元	合价/元	
						暂定	实际
一	人工						
	人工小计						
二	材料						
	材料小计						
三	施工机械						
	施工机械小计						
四、管理费和利润							
	总计						

注:此表项目名称、暂定数量由招标人填写,编制招标控制价时,单价由招标人在招标文件中确定;投标时,单价由
　　投标人自主报价,按暂定数量计算合价计入投标总价中。结算时,按发承包双方确认的实际数量计算合价。

18. 总承包服务费计价表(见表 3.19)

表 3.19　总承包服务费计价表

工程名称：　　　　　　　　　　　　　　　　　　　　　　　　　　　　第　页、共　页

序号	项目名称	项目价值/元	服务内容	计算基础	费率/%	金额/元
1	发包人发包专业工程					
2	发包人提供材料					
	合计					

19. 发包人提供材料和工程设备一览表(见表 3.20)

表 3.20　发包人提供材料和工程设备一览表

工程名称：　　　　　　　　　　　　　　　　　　　　　　　　　　　　第　页、共　页

序号	材料(工程设备)名称、规格、型号	计量单位	数量	单价/元	交货方式	送达地点	备注

注:此表由招标人填写,供投标人在投标报价、确定总承包服务费时参考。

20. 规费、税金项目计价表(见表 3.21)

表 3.21　规费、税金项目计价表

工程名称：　　　　　　　　　　　　　　　　　　　　　　　　　　　　第　页、共　页

序号	项目名称	计算基础	计算费率/%	金额/元
1	规费			
1.1	社会保障费、住房公积金、残疾人保证金			
1.2	危险作业意外伤害险			
1.3	工程排污费			
2	税金			
	合计			

3.2.4 各专业国家计量规范

各专业的《国家计量规范》内容包括：总则、术语、工程计量、工程量清单编制、附录。此部分主要以表格表现。它是清单项目划分的标准，是清单工程量计算的依据，是编制工程量清单时统一项目编码、项目名称、项目特征描述要求、计量单位、工程量计算规则、工程内容的依据。

《园林绿化工程工程量计算规范》（GB 50858—2013）附录部分内容包括：

附录 A 绿化工程

附录 B 园路圆桥工程

附录 C 园林景观工程

附录 D 措施项目

3.3 清单计价方法

3.3.1 概述

1.含义

清单计价是指在建设工程招标投标中，招标人按照国家标准《清单计量规范》列项、算量并编制"招标工程量清单"，由投标人依据"招标工程量清单"自主报价的一种计价方式。

清单计价与定额计价并无本质上的不同，其计价方式是指根据招标文件提供的招标工程量清单，依据《企业定额》或建设主管部门发布的《消耗量定额》，结合施工现场拟定的施工方案，参照建设主管部门发布的人工工日单价、机械台班单价、材料和设备价格信息及同期市场价格，计算出对应于招标工程量清单每一分项工程的综合单价，进而计算分部分项工程费，措施项目费以及其他项目费、规费、税金，最后汇总来确定建筑安装工程造价。

2.工程量清单计价的费用组成

工程量清单计价的费用组成内容见表 3.22。

表 3.22 工程量清单计价的费用组成表

费用项目		费用组成内容
分部分项工程费	直接工程费	定额人工费、材料费、定额机械费
	管理费	管理人员工资、办公费、差旅交通费、固定资产使用费、工具用具使用费、劳动保险和职工福利费、劳动保护费、检验试验费、工会经费、职工教育经费、财产保险费、财务费、税金、其他
	利润	施工企业完成所承包工程获得的盈利。
措施项目费	人工费	①总价措施费：安全文明施工费（含环境保护费、文明施工费、安全施工费、临时设施费）、夜间施工增加费、二次搬运费、已完工程及设备保护费、特殊地区施工增加费、其他措施费（含冬、雨季施工增加费，生产工具用具使用费，工程定位复测、工程点交、场地清理费）。②单价措施费：脚手架费、混凝土模板及支架费、垂直运输费、超高施工增加费、大型机械设备进出场及安拆费、施工排水降水费。
	材料费	
	机械费	
	管理费	
	利润	

费用项目	费用组成内容
其他项目费	暂列金额、暂估价、计日工、总包服务费、其他(含人工费调差,机械费调差,风险费,停工、窝工损失费,承发包双方协商认定的有关费用)。
规费	社会保障费(含养老保险费、失业保险费、医疗保险费、生育保险费、工伤保险费)、住房公积金、残疾人保障金、危险作业意外伤害保险、工程排污费。
税金	营业税、城市建设维护税、教育费附加、地方教育附加。

3. 编制依据

(1)国家标准《清单计价规范》和相应专业工程的《国家计量规范》

(2)国家或省级、行业建设主管部门颁发的消耗量定额和计价办法

(3)建设工程设计文件及相关资料

(4)拟定的招标文件及招标工程量清单

(5)与建设项目有关的标准、规范、技术资料

(6)施工现场情况、工程特点及常规施工方案

(7)工程造价管理机构发布的工程造价信息,当工程造价信息没有发布时,参照市场价

(8)其他相关资料

4. 编制步骤

(1)准备阶段

①熟悉施工图纸和招标文件;

②参加图纸会审、踏勘施工现场;

③熟悉施工组织设计或施工方案;

④确定计价依据。

(2)编制试算阶段

①针对招标工程量清单,依据《企业定额》,或者参照建设主管部门发布的《消耗量定额》、《工程造价计价规则》、价格信息,计算招标工程量清单的综合单价,从而计算出分部分项工程费。

②参照建设主管部门发布的《措施费计价办法》、《工程造价计价规则》,计算措施项目费、其他项目费。

③参照建设主管部门发布的《工程造价计价规则》计算规费及税金。

④按照规定的程序计算单位工程造价、单项工程造价、工程项目总价。

⑤作主要材料分析。

⑥填写编制说明和封面。

(3)复算收尾阶段

①复核。

②装订成册,签名盖章。

5. 工程量清单计价文件组成

1）封面及投标总价

2）总说明

3）建设项目汇总表

4）单项工程汇总表

5）单位工程费用汇总表

6）分部分项工程/单价措施项目清单与计价表

7）综合单价分析表

8）综合单价材料明细表

9）总价措施项目清单与计价表

10）其他项目清单与计价汇总表

11）暂列金额明细表

12）材料（工程设备）暂估单价及调整表

13）专业工程暂估价表及结算价表

14）计日工表

15）总承包服务费计价表

16）发包人提供材料和工程设备一览表

17）规费、税金项目计价表

相关表格样式见上一节。

3.3.2 各项费用计算

1. 分部分项工程费计算

分部分项工程费计算公式为：

$$分部分项工程费 = \sum（分部分项清单工程量 \times 综合单价） \tag{3.1}$$

式中，分部分项清单工程量应根据国家标准《清单计量规范》中的"工程量计算规则"和施工图、各类标配图计算（具体计算详见以后各章）。

综合单价是指完成一个规定清单项目所需的人工费、材料和工程设备费、机械使用费和管理费、利润的单价。综合单价计算公式为：

$$综合单价 = \frac{清单项目费用（含人／材／机／管／利）}{清单工程量} \tag{3.2}$$

（1）人工费、材料费、机械使用费的计算

具体见表 3.23。

表 3.23　人工费、材料费、机械使用费的计算

费用名称	计算方法
人工费	分部分项工程量×人工消耗量×人工工日单价 或：　　分部分项工程量×定额人工费
材料费	分部分项工程量×$\sum$（材料消耗量×材料单价）
机械使用费	分部分项工程量×$\sum$（机械台班消耗量×机械台班单价）

注：表中的分部分项工程量是指按定额计算规则计算出的"定额工程量"。

（2）管理费的计算

①计算表达式为：

$$管理费 = （定额人工费 + 定额机械费 × 8\%）× 管理费费率 \qquad (3.3)$$

定额人工费是指在《消耗量定额》中规定的人工费，是以人工消耗量乘以当地某一时期的人工工资单价得到的计价人工费，它是管理费、利润、社保费及住房公积金的计费基础。当出现人工工资单价调整时，价差部分可进入其他项目费。

定额机械费也是指在《消耗量定额》中规定的机械费，是以机械台班消耗量乘以当地某一时期的人工工资单价、燃料动力单价得到的计价机械费，它是管理费、利润的计费基础。当出现机械中的人工工资单价、燃料动力单价调整时，价差部分可进入其他项目费。

②管理费费率见表3.24。

表3.24　管理费费率表

专业	房屋建筑与装饰工程	通用安装工程	市政工程	园林绿化工程	房屋修缮及仿古建筑工程	城市轨道交通工程	独立土石方工程
费率/%	33	30	28	28	23	28	25

（3）利润的计算

①计算表达式为：

$$利润 = （定额人工费 + 定额机械费 × 8\%）× 利润率 \qquad (3.4)$$

②利润率见表3.25。

表3.25　利润率表

专业	房屋建筑与装饰工程	通用安装工程	市政工程	园林绿化工程	房屋修缮及仿古建筑工程	城市轨道交通工程	独立土石方工程
费率/%	20	20	15	15	15	18	15

2. 措施项目费计算

2013版《清单计价规范》将措施项目划分为两类：

（1）总价措施项目

它是指不能计算工程量的项目，如安全文明施工费，夜间施工增加费，其他措施费等，应当按照施工方案或施工组织设计，参照有关规定以"项"为单位进行综合计价，计算方法见表3.26。

表3.26　总价措施项目费计算参考费率表

项目名称	适用条件	计算方法
园林绿化工程安全文明施工费	（1）环境保护费	分部分项工程费中（定额人工费 + 定额机械费 × 8%）×10.22%
	（2）安全施工费	
	（3）文明施工费	
	（4）临时设施费	分部分项工程费中（定额人工费 + 定额机械费 × 8%）×2.43%
	以上四项合计	分部分项工程费中（定额人工费 + 定额机械费 × 8%）×12.65%

续表

项目名称	适用条件	计算方法
园林绿化工程其他措施	冬、雨季施工增加费,生产工具用具使用费,工程定位复测、工程点交、场地清理费	分部分项工程费中(定额人工费 + 定额机械费 ×8%)×5.95%
特殊地区施工增加费	2 500 m < 海拔 ≤ 3 000 m地区	(定额人工费 + 定额机械费 ×8%)×8 %
	3 000 m < 海拔 ≤ 3 500 m地区	(定额人工费 + 定额机械费 ×8%)×15 %
	海拔 >3 500 m地区	(定额人工费 + 定额机械费 ×8%)×20 %

(2)单价措施项目

它是指可以计算工程量的项目,如混凝土模板、脚手架、垂直运输、超高施工增加、大型机械设备进退场和安拆、施工排降水等,可按计算综合单价的方法计算,计算公式为:

$$单价措施项目费 = \sum(单价措施项目清单工程量 \times 综合单价) \quad (3.5)$$

$$综合单价 = \frac{清单项目费用(含人 / 材 / 机 / 管 / 利)}{清单工程量} \quad (3.6)$$

其中:
$$人工费 = 措施项目定额工程量 \times 定额人工费 \quad (3.7)$$

$$材料费 = 措施项目定额工程量 \times \sum(材料消耗量 \times 材料单价) \quad (3.8)$$

$$机械费 = 措施项目定额工程量 \times \sum(机械台班消耗量 \times 机械台班单价) \quad (3.9)$$

$$管理费 = (定额人工费 + 定额机械费 \times 8\%) \times 管理费费率 \quad (3.10)$$

$$利润 = (定额人工费 + 定额机械费 \times 8\%) \times 利润率 \quad (3.11)$$

管理费费率见表3.24,利润率见表3.25。其中大型机械设备进退场和安拆费不计算管理费和利润。

某地的《园林绿化工程消耗量定额》明确规定,园林绿化工程的单价措施项目可按照《房屋建筑与装饰工程消耗量定额》相应措施项目计算。

3. 其他项目费计算

①暂列金额可由招标人按工程造价的一定比例估算,投标人按招标工程量清单中所列的金额计入报价中。工程实施中,暂列金额由发包人掌握使用,余额归发包人所有,差额由发包人支付。

②暂估价中的材料、工程设备暂估单价应按招标工程量清单中列出的单价计入综合单价;暂估价中的专业工程暂估价应按招标工程量清单中列出的金额直接计入投标报价的其他项目费中。

③计日工应按招标工程量清单中列出的项目根据工程特点和有关计价依据确定综合单价,其管理费和利润按其专业工程费率计算。

④总承包服务费应根据合同约定的总承包服务内容和范围,参照下列标准计算:

a. 发包人仅要求对其分包的专业工程进行总承包现场管理和协调时,按分包的专业工程造价的1.5%计算。

b. 发包人要求对其分包的专业工程进行总承包管理和协调并同时要求提供配合服务时,根据配合服务的内容和提出的要求,按分包的专业工程造价的3%~5%计算。

c. 发包人供应材料(设备除外)时,按供应材料价值的1%计算。

⑤其他:

a. 人工费调差按当地省级建设主管部门发布的人工费调差文件计算。

b. 机械费调差按当地省级建设主管部门发布的机械费调差文件计算。

c. 风险费依据招标文件计算。

d. 因设计变更或由于建设单位的责任造成的停工、窝工损失,可参照下列办法计算费用:

一是现场施工机械停滞费按定额机械台班单价的40%计算,施工机械停滞费不再计算除税金以外的费用。

二是生产工人停工、窝工工资按38元/工日计算,管理费按停工、窝工工资总额的20%计算,停工、窝工工资不再计算除税金以外的费用。

e. 承、发包双方协商认定的有关费用按实际发生的计算。

4. 规费计算

(1)社会保障费、住房公积金及残疾人保证金

社会保障、住房公积金及残疾人保证金计算公式为:

$$社会保障费、住房公积金及残疾人保证金 = 定额人工费总和 \times 26\% \qquad (3.12)$$

式中定额人工费总和是指分部分项工程定额人工费、单价措施项目定额人工费与其他项目定额人工费的总和。

(2)危险作业意外伤害险

危险作业意外伤害险计算公式为:

$$危险作业意外伤害险 = 定额人工费 \times 1\% \qquad (3.13)$$

未参加建筑职工意外伤害保险的施工企业不得计算此项费用。

(3)工程排污费

按工程所在地有关部门的规定计算。

5. 税金计算

税金计算公式为:

$$税金 = (分部分项工程费 + 措施项目费 + 其他项目费 + 规费$$
$$- 按规定不计税的工程设备费) \times 综合税率 \qquad (3.14)$$

综合税率取定见表3.27。

表3.27 综合税率取定表

工程所在地	综合税率/%
市区	3.48
县城、镇	3.41
不在市区、县城、镇	3.28

3.3.3 计算实例

【例3.4】 某绿化工程"招标工程量清单"见表3.28,试根据当地建设主管部门发布的《消耗量定额》和《计价规则》,以及当地的人工、材料、机械单价,编制"栽植带土球乔木"两个清单分项的综合单价,并计算分部分项工程费。

表 3.28 分部分项工程量清单表

序号	项目编码	项目名称	项目特征	计量单位	工程数量
1	050102001001	栽植乔木	1.乔木种类: 2.乔木胸径:140 cm 3.养护期:	株	10
2	050102001002	栽植乔木	1.乔木种类: 2.乔木胸径:160 cm 3.养护期:	株	10

注:表中"工程数量"仅为分项工程实体的清单工程量。但由于两个项目的清单计量规则与定额计量规则相同,所以表中"工程数量"既是清单量也是定额量。

【解】 (1)选择计价依据

查某地的《园林绿化工程消耗量定额》相关子目,定额消耗量及单位估价表见表3.29。

表 3.29 相关子目定额消耗量及单位估价表

工作内容:挖坑、施基肥、栽植(落坑、清除包扎物、扶正、回土、夯料、筑水围)、浇水、封坑、修枝、覆土、整形、清理

计量单位:株

定额编号			05010070	05010071	05010072
项目			栽植乔木(带土球)		
			土球直径(cm 以内)		
			140	160	180
基价 /元			220.16	352.63	430.68
其中	人工费/元		148.84	192.28	231.88
	材料费/元		2.80	5.02	6.68
	机械费/元		68.52	155.33	192.12
		单位	单价/元	数量	
材料	乔木	株	—	(1.000)	(1.000)	(1.000)
	水	m³	5.60	0.500	0.750	1.000
	其他材料费	元	248.80	—	0.820	1.080
机械	汽车式起重机16 t	台班	86.90	0.040	0.119	—
	汽车式起重机25 t	台班	192.49	—	—	0.110
	载重汽车装载质量8 t	台班	150.17	0.068	0.100	0.120

注:表中消耗量带有( )的为未计价材料,套价时须根据当地的材料价格信息进行组价。

表 3.30 分部分项工程量清单综合单价分析表

工程名称：

第 页、共 页

序号	项目编码	项目名称	计量单位	工程量	定额编号	定额名称	定额单位	数量	清单综合单价组成明细										综合单价/元
									单价/元				合价/元						
									人工费	材料费	机械费	人工费	材料费	机械费	管理费和利润				
1	050102001001	栽植乔木	株	10	05010070	栽植乔木（带土球）土球直径140 cm	株	1	148.84	100 002.80	68.54	148.84	100 002.80	68.54	66.36				100 286.54
2	050102001002	栽植乔木	株	10	05010070	栽植乔木（带土球）土球直径140 cm	株	1	192.28	120 005.02	155.33	192.28	120 005.02	155.33	88.02				120 440.65

(2)选择费率

查表3.24和表3.25,园林绿化工程的管理费费率取28%;利润率取15%。

(3)综合单价计算

综合单价计算在表3.30中完成。假如通过询价得知当地未计价材价格为:土球直径140 cm,乔木100 000 元/株;土球直径160 cm,乔木120 000 元/株。

05010070 的材料费单价计算为:

$$2.8 + 100\ 000 = 100\ 002.8\ 元/株$$

05010071 的材料费单价计算为:

$$5.02 + 120\ 000 = 120\ 005.02\ 元/株$$

表3.30中综合单价组成明细中的数量是相对量,计算公式为:

$$数量 = 定额量 / 定额单位扩大倍数 / 清单量 \qquad (3.15)$$

(4)分部分项工程费计算

具体计算见表3.31。

表3.31 分部分项工程量清单计价表

序号	项目编码	项目名称	计量单位	工程量	金额/元				
					综合单价	合价	其中		
							人工费	机械费	暂估价
1	050102 001001	栽植乔木	株	10	100 286.54	1 002 865.40	1 488.40	685.20	
2	050102 001002	栽植乔木	株	10	120 440.65	1 205 506.50	1 922.80	1 553.30	
合　计						2 208 371.90	3 411.20	2 238.50	

【例3.5】 市区某园林绿化工程根据招标文件及分部分项工程量清单,当地的《园林绿化工程消耗量定额》《建设工程造价计价规则》,人工、材料、机械台班的单价计算出以下数据:分部分项工程的人工费71 040 元,材料费269 240 元,机械费28 040 元,单价措施项目的人工费1 000 元,材料费2 692 元,机械费480 元。招标文件载明暂列金额应计1 000 元;专业工程暂估价2 000 元;试根据上述条件计算完成该园林绿化工程的全部费用并确定招标控制价。

【解】 该园林绿化工程的全部费用及招标控制价计算过程见表3.32、表3.33。

表3.32 单位工程费汇总表

序号	汇总内容	金额/元	计算方法
1	分部分项工程费	399 831.78	<1.1 + > + <1.2 + > + <1.3 + > + <1.4>
1.1	人工费	71 040.00	题给
1.2	材料费	269 240.00	题给
1.3	机械费	28 040.00	题给
1.4	管理费和利润	31 511.78	(71 040 + 28 040 × 8%) × (28% + 15%)

序号	汇总内容	金额/元	计算方法
2	措施项目费	18 249.18	< 2.1 > + < 2.2 >
2.1	单价措施项目费	4 618.51	< 2.1.1 + > + < 2.1.2 + > + < 2.1.3 + > + < 2.1.4 >
2.1.1	人工费	1 000.00	题给
2.1.2	材料费	2 692.00	题给
2.1.3	机械费	480.00	题给
2.1.4	管理费和利润	446.51	(1 000 + 480 × 8%) × (28% + 15%)
2.2	总价措施项目费	13 630.67	< 2.2.1 > + < 2.2.2 >
2.2.1	安全文明施工费	9 270.32	(< 1.1 > + < 1.3 > × 8%) × 12.65%
2.2.2	其他总价措施项目费	4 360.35	(< 1.1 > + < 1.3 > × 8%) × 5.95%
3	其他项目费	3 000.00	< 3.1 > + < 3.2 > + < 3.3 > + < 3.4 > + < 3.5 >
3.1	暂列金额	1 000.00	题给
3.2	专业工程暂估价	2 000.00	题给
3.3	计日工		
3.4	总承包服务费		
3.5	其他		
4	规费	19 450.80	见规费项目计价表
5	税金	15 330.51	见税金项目计价表
招标控制价/投标报价合计 = 1 + 2 + 3 + 4 + 5			4 555 862.27

表 3.33　规费、税金项目计价表

序号	项目名称	计算基础	计算费率/%	金额/元
1	规费			19 450.80
1.1	社会保障费、住房公积金、残疾人保证金	分部分项工程定额人工费 + 单价措施项目定额人工费	26	18 730.40
1.2	危险作业意外伤害保险	分部分项工程定额人工费 + 单价措施项目定额人工费	1	720.40
1.3	工程排污费			0.00
2	税金	分部分项工程费 + 措施项目费 + 其他项目费 + 规费	3.48	15 330.51
合计				34 781.31

学生在做练习时,上述两表可以合并简化为一个表计算,见表3.34。

表3.34 单位工程费汇总表

序号	汇总内容	金额/元	计算方法
1	分部分项工程费	399 831.78	<1.1 + > + <1.2 + > + <1.3 + > + <1.4>
1.1	人工费	71 040.00	题给
1.2	材料费	269 240.00	题给
1.3	机械费	28 040.00	题给
1.4	管理费和利润	31 511.78	(71 040 + 28 040 × 8%) × (28% + 15%)
2	措施项目费	18 249.18	<2.1> + <2.2>
2.1	单价措施项目费	4 618.51	<2.1.1 + > + <2.1.2 + > + <2.1.3 + > + <2.1.4>
2.1.1	人工费	1 000.00	题给
2.1.2	材料费	2 692.00	题给
2.1.3	机械费	480.00	题给
2.1.4	管理费和利润	446.51	(1 000 + 480 × 8%) × (28% + 15%)
2.2	总价措施项目费	13 630.67	<2.2.1> + <2.2.2>
2.2.1	安全文明施工费	9 270.32	(<1.1> + <1.3> × 8%) × 12.65%
2.2.2	其他总价措施项目费	4 360.35	(<1.1> + <1.3> × 8%) × 5.95%
3	其他项目费	3 000.00	<3.1> + <3.2> + <3.3> + <3.4> + <3.5>
3.1	暂列金额	1 000.00	题给
3.2	专业工程暂估价	2 000.00	题给
3.3	计日工		
3.4	总承包服务费		
3.5	其他		
4	规费	19 450.80	
4.1	社会保障费、住房公积金、残疾人保证金	18 730.4	(<1.1> + <2.1.1>) × 26%
4.2	危险作业意外伤害保险	720.4	(<1.1> + <2.1.1>) × 26%
4.3	工程排污费	0.00	题未明确
5	税金	15 330.51	(<1> + <2> + <3> + <4>) × 3.48%
招标控制价/投标报价合计 = 1 + 2 + 3 + 4 + 5			4 555 862.27

思考与练习

1. 什么是工程造价?

2. 我国现行工程造价的组成内容是什么?

3. 我国现行建筑安装工程费用由哪些费用构成?

4. 分部分项工程费由哪些费用构成?

5. 措施项目费由哪些费用构成?

6. 规费由哪些费用构成?

7. 税金由哪些费用构成?

8. 消耗量定额和单位估价表在计价中有什么作用?

9. 工程量清单计价规范在计价中有什么作用?

10. 什么是清单计价方法?

11. 定额消耗量、单价与人、材、机费之间是什么关系?

12. 综合单价的含义是什么? 如何计算?

14. 县城某园林绿化工程采用工程量清单招标。某造价咨询公司计算出分部分项工程人工费为95.04万元,材料费365.46万元,机械费为63.36万元;单价措施项目费30.37万元(其中人工费占20%);工程排污费3万元;招标文件明确暂列金额为10万元;应另计安全文明施工费、其他措施费;试根据上述条件计算该园林绿化工程的招标控制价。

第 **4** 章
绿化种植工程

教学要求:

- 熟悉绿化种植工程清单分项的划分标准。
- 掌握绿化种植工程的工程量计算规则。
- 掌握绿化种植工程的综合单价分析计算方法。

本章主要讨论绿化种植工程的项目划分、工程量计算和综合单价计算问题。

4.1 清单项目划分

《清单计量规范》将绿化种植工程划分为绿地整理、栽植花木、绿地喷灌等项目。

1.具体分项(见表 4.1—表 4.3)

表 4.1 绿地整理(编码:050101)

项目编码	项目名称	项目特征	计量单位	工程量计算规则	工作内容
050101001	伐树	树干胸径	株	按数量计算	1.伐树 2.废弃物运输 3.场地清理
050101002	挖树根(蔸)	地径			挖树根
050101003	砍挖灌木丛及根	丛高或蓬径	1.株 2.m²	1.以株计量,按数量计算 2.以平方米计量,按面积计算	1.灌木及根砍挖 2.废弃物运输 3.场地清理
050101004	砍挖竹及根	根盘直径	1.株 2.丛	按数量计算	1.竹及根砍挖 2.废弃物运输 3.场地清理

续表

项目编码	项目名称	项目特征	计量单位	工程量计算规则	工作内容
050101005	砍挖芦苇及根	根盘丛径	m²	按面积计算	1. 芦苇及根砍挖 2. 废弃物运输 3. 场地清理
050101006	清除草皮	草皮种类			除草
050101007	清除地被植物	植物种类			清除植物
050101008	屋面清理	1. 屋面做法 2. 屋面高度 3. 垂直运输方式	m²	按设计图示尺寸	1. 原屋面清扫 2. 废弃物运输 3. 场地清理
050101009	种植土回(换)填	1. 回填土质要求 2. 取土运距 3. 回填厚度	1. m³ 2. 株	1. 以立方米计量,按设计图示回填面积乘以回填厚度以体积计算 2. 以株计量,按设计图示数量计算	1. 土方挖、运 2. 回填 3. 找平、找坡 4. 废弃物运输
050101010	整理绿化用地	1. 回填土质要求 2. 取土运距 3. 回填厚度 4. 找平找坡要求 5. 弃渣运距	m²	按设计图示尺寸	1. 排地表水 2. 土方挖、运 3. 耙细、过筛 4. 回填 5. 找平、找坡 6. 拍实 7. 废弃物运输
050101011	绿地起坡造型	1. 回填土质要求 2. 回填厚度 3. 取土运距 4. 起坡高度			1. 排地表水 2. 土方挖、运 3. 耙细、过筛 4. 回填 5. 找平、找坡 6. 废弃物运输
050101012	屋顶花园基底处理	1. 找平层厚度、砂浆种类、强度等级 2. 防水层种类、做法 3. 排水层厚度、材质 4. 过滤层厚度、材质 5. 回填轻质土厚度、种类 6. 屋面高度 7. 垂直运输方式 8. 阻根层厚度、材质、做法	m²	按设计图示尺寸以面积计算	抹找平层

71

表4.2　栽植花木(编码:050102)

项目编码	项目名称	项目特征	计量单位	工程量计算规则	工作内容
050102001	栽植乔木	1. 乔木种类 2. 乔木胸径 3. 养护期	株	按设计图示数量计算	1. 起挖 2. 运输 3. 栽植 4. 养护
050102002	栽植竹类	1. 竹种类 2. 竹胸径或根盘丛径 3. 养护期	1. 株 2. 丛		
050102003	栽植棕榈类	1. 棕榈种类 2. 株高或地径 3. 养护期	株		
050102004	栽植灌木	1. 灌木种类 2. 灌丛高或蓬径 3. 起挖方式 4. 养护期	1. 株 2. m²	1. 以株计量,按设计图示数量计算 2. 以平方米计量,按设计图示尺寸以绿化水平投影面积计算	1. 起挖 2. 运输 3. 栽植 4. 养护
050102005	栽植绿篱	1. 绿篱种类 2. 篱高 3. 行数、蓬径或单位面积株数 4. 养护期	1. m 2. m²	1. 以米计量,按设计图示长度以延长米计算 2. 以平方米计量,按设计图示尺寸以绿化水平投影面积计算	
050102006	栽植攀缘植物	1. 植物种类 2. 地径 3. 养护期	1. 株 2. m	1. 以株计量,按设计图示数量计算 2. 以米计量,按设计图示种植长度以延长米计算	
050102007	栽植色带	1. 苗木、花卉种类 2. 株高或蓬径 3. 单位面积株数 4. 养护期	m²	按设计图示尺寸以绿化水平投影面积计算	
050102008	栽植花卉	1. 花卉种类 2. 株高或蓬径 3. 单位面积株数 4. 养护期	1. 株(丛、缸) 2. m²	1. 以株、丛、缸计量,按设计图示数量计算 2. 以平方米计量,按设计图示尺寸以水平投影面积计算	1. 起挖 2. 运输 3. 栽植 4. 养护
050102009	栽植水生植物	1. 植物种类 2. 株高或蓬径或芽数/株 3. 单位面积株数 4. 养护期	1. 丛 2. 缸 3. m²		

项目编码	项目名称	项目特征	计量单位	工程量计算规则	工作内容
050102010	垂直墙体绿化种植	1. 植物种类 2. 生长年数或地(干)径 3. 养护期	1. m² 2. m	1. 以平方米计量,按设计图示尺寸以绿化水平投影面积计算 2. 以米计量,按设计图示种植长度以延长米计算	1. 起挖 2. 运输 3. 栽植 4. 养护
050102011	花卉立体布置	1. 草本花卉种类 2. 高度或蓬径 3. 单位面积株数 4. 种植形式 5. 养护期	1. 单体 2. 处 3. m²	1. 以单体(处)计量,按设计图示数量计算 2. 以平方米计量,按设计图示尺寸以面积计算	1. 起挖 2. 运输 3. 栽植 4. 养护
050102012	铺种草皮	1. 草皮种类 2. 铺种方式 3. 养护期	m²	按设计图示尺寸以绿化投影面积计算	1. 起挖 2. 运输 3. 栽植 4. 养护
050102013	喷播植草	1. 基层材料种类规格 2. 草籽种类 3. 养护期			1. 基层处理 2. 坡地细整 3. 阴坡 4. 草籽喷播 5. 覆盖 6. 养护
050102014	植草砖内植草(籽)	1. 草(籽)种类 2. 养护期	m²	按设计图示尺寸以绿化投影面积计算	1. 起挖 2. 运输 3. 栽植 4. 养护
050102015	栽种木箱	1. 木材品种 2. 木箱外型尺寸 3. 防护材料种类	个	按设计图示数量计算	1. 制作 2. 运输 3. 安放

表4.3　绿地喷灌(编码:050103)

项目编码	项目名称	项目特征	计量单位	工程量计算规则	工作内容
050103001	喷灌管线安装	1. 管道品种、规格 2. 管件品种、规格 3. 管道固定方式 4. 防护材料种类 5. 油漆品种、刷漆遍数	m	按设计图示尺寸以长度计算	1. 管道铺设 2. 管道固筑 3. 水压试验 4. 刷防护材料、油漆
050103002	喷灌配件安装	1. 管道附件、阀门、喷头品种、规格 2. 管道附件、阀门、喷头固定方式 3. 防护材料种类 4. 油漆品种、刷漆遍数	个	按设计图示数量计算	1. 管道附件、阀门、喷头安装 2. 水压试验 3. 刷防护材料、油漆

2. 清单列项的相关说明

1)整理绿化用地项目包含300 mm以内回填土,厚度300 mm以上回填土,应按房屋建筑与装饰工程计量规范相应项目编码列项。

2)绿地起坡造型,适用于松(抛)填。

3)挖土外运、借土回填、挖(凿)土(石)方应包括在相关项目内。

4)苗木计算应符合下列规定:

①胸径应为地表面向上1.2 m高处树干直径(或以工程所在地规定为准)。

②冠径又称冠幅应为苗木冠丛垂直投影面的最大直径和最小直径之间的平均值。

③蓬径应为灌木、灌丛垂直投影面的直径。

④地径应为地表面向上0.1 m高处树干直径。

⑤干径应为地表面向上0.3 m高处树干直径。

⑥株高应为地表面至树顶端的高度。

⑦冠丛高应为地表面至乔(灌)木顶端的高度。

⑧篱高应为地表面至绿篱顶端的高度。

⑨生长期应为苗木种植至起苗的时间。

⑩养护期应为招标文件中要求苗木种植结束,竣工验收通过后承包人负责养护的时间。

5)苗木移(假)植应按花木栽植相关项目单独编码列项。

6)土球包裹材料、打吊针及喷洒生根剂等费用应包含在相应项目内。

7)挖填土石方应按房屋建筑与装饰工程计量规范附录A相关项目编码列项。

8)阀门井应按市政工程计量规范相关项目编码列项。

4.2 定额项目划分

定额将绿化种植工程按工程内容划分为土方、种植、防护、运输、养护、喷灌六个部分,各部分又按工作内容划分子项,其分类见表4.4。

表4.4 定额项目分类表

内容	大节	小节	包括的主要项目
土方	绿化土方工程	整理绿化用地	整理绿化用地
		铲除草皮	铲除草皮
		砍挖灌木	砍挖灌木
		砍挖绿篱地被植物	砍挖绿篱地被植物高度40~150(cm以内)
		人工回填土	人工回填土
		绿化地起坡造型土方堆置	人工、机械绿化地起坡造型土方堆置
		乔灌木人工换土	乔灌木人工换土,土球直径20~220(cm以内)
		裸根乔木人工换土	裸根乔木人工换土,胸径4~24(cm以内)
		裸根冠丛人工换土	裸根冠丛人工换土,高度100~250(cm以内)
种植	乔木栽植	起挖乔木(带土球)	起挖乔木(带土球),土球直径20~280(cm以内)
		栽植乔木(带土球)	栽植乔木(带土球),土球直径20~280(cm以内)
		起挖乔木(裸根)	起挖乔木(裸根),胸径4~24(cm以内)
		栽植乔木(裸根)	栽植乔木(裸根),胸径4~24(cm以内)
	灌木栽植	起挖灌木(带土球)	起挖灌木(带土球),土球直径20~140(cm以内)
		栽植灌木(带土球)	栽植灌木(带土球),土球直径20~140(cm以内)
		片植灌木(带土球)	片植灌木(带土球),(高度50~100 cm)
		起挖灌木(裸根)	栽植灌木(裸根),冠丛高100~250(cm以内)
		栽植灌木(裸根)	栽植灌木(裸根),冠丛高100~250(cm以内)
	竹类栽植	起挖竹类(散生竹)	起挖竹类(散生竹),胸径2~10(cm以内)
		栽植竹类(散生竹)	栽植竹类(散生竹),胸径2~10(cm以内)
		起挖竹类(丛生竹)	起挖竹类(丛生竹),根盘丛径30~80(cm以内)
		栽植竹类(丛生竹)	栽植竹类(丛生竹),根盘丛径30~80(cm以内)
	栽植绿篱	栽植绿篱(单排)	栽植绿篱(单排),高度40~150(cm以内)
		栽植绿篱(双排)	栽植绿篱(双排),高度40~150(cm以内)
		栽植绿篱(片植)	栽植绿篱(片植),(高度50~100 cm)
	露地花坛栽植	露地花坛栽植	一般图案花坛、彩纹图案花坛、立体花坛

续表

内容	大节	小节	包括的主要项目
种植	栽植地被植物	栽植地被植物	单排、双排,栽植地被植物片植种植密度(株/m²)9~64,起挖地被
	种植藤本植物	种植藤本植物	种植藤本植物
	草皮铺种	草皮铺种	草皮铺种、植草砖内植草、铺种运动场草坪
	边坡植草	喷播植草	土质边坡人工播种、土质边坡喷种坡度30~60以上
		挂网	镀锌铁丝网、拉伸网、三维网
	栽植水生植物	栽植水生植物	挺水植物、浮叶植物
	假植	假植	假植乔木(裸根),假植灌木(裸根),假植乔木(带土球)
	盆花摆设	盆花摆设	人工摆盆花平面、立面
防护	树木支撑(护树桩)	树棍桩	四脚桩、三角桩、扁担桩、长单桩、短单桩、铅丝拉桩
		毛竹桩	四脚桩、三角桩、扁担桩、长单桩、短单桩
		预制桩	预制混凝土护树长单桩
	草绳绕树干、树身包麻布	草绳绕树干、树身包麻布	草绳绕树干胸径5~45 cm以内,树身包麻布
	树干刷白	树干刷白	树干刷白高1.3 m胸径5~50(cm以内)
	防护棚搭设	防护棚搭设	防护棚搭设、防护网搭设
运输	苗木运输工程	人力运输	人力运输乔木,人力运输灌木
		乔木汽车运输	汽车运乔木
		灌木汽车运输	汽车运灌木
		地被苗木汽车运输	汽车运袋装苗
		盆花汽车运输	汽车运盆苗
		汽车运输草皮	汽车运件装草皮
养护	绿化养护工程	乔木一级养护	乔木一级养护胸径5~40(cm以内)
		乔木二级养护	乔木二级养护胸径5~40(cm以内)
		灌木一级养护	灌木一级养护高度100~400(cm以内)
		灌木二级养护	灌木二级养护高度100~400(cm以内)
		地被、花坛一级养护	地被植物一级养护(片植、花坛、草坪、运动场草坪)
		地被、花坛二级养护	地被植物二级养护(片植、花坛、草坪、运动场草坪)

内容	大节	小节	包括的主要项目
养护	绿化养护工程	水生植物一级养护	水生植物一级养护（塘植、容器栽植）
		水生植物二级养护	水生植物二级养护（塘植、容器栽植）
喷灌	绿地喷灌	绿地喷灌	喷灌喷头安装

4.3　工程量计算规则

1. 清单规则

清单计量规则详见表4.1、4.2、4.3中的相关规定。

2. 定额规则

①不论树木大小均按株计算。

②种植花卉、地被植物、挖铺草皮以平方米计算。

③单排、双排绿篱种植，以延长米计算，片植绿篱按平方米计算。

④水生植物均按丛计算。

⑤摆花以盆计算。

⑥草绳绕树干，按绕树干高度以延长米计算。

⑦竹类以株、丛计算。

⑧绿地整理以平方米计算；换土方以立方米计算。

⑨绿地起伏造型按设计图示尺寸以立方米计算。

⑩运输乔木、灌木按株计算；运输盆花以盆计算；地被、草坪以平方米计算。

⑪养护：乔木、灌木、水生植物按株（丛）/年计算；地被、草坪、花坛按设计图示尺寸面积以 m^2/年计算，养护面积按实际面积计算，应扣除大于1平方米的建筑物、构筑物、设施、设备等的占地面积。

⑫无支撑式遮阳网乔木、灌木按株计算，成片灌木、地被、绿篱按其面积以平方米计算；防护棚搭设按展开面积以平方米计算。

⑬植草砖植草按设计图示植草砖组合外围面积以平方米计算，不扣除植草砖所占面积。

⑭树木支撑按支撑形式和支撑的苗木数量计算。

⑮树身包麻布按包裹高度乘以树干周长以平方米计算（树干周长以胸径计算）

⑯树身涂白按树木胸径以株计算。

⑰绿化灌溉喷头按设计图示数量以个计算。

4.4　计价的相关规定

①定额包括种植前的准备，种植时的用工用料和机械使用费，以及栽植后10天以内的养

护工作。

②定额基价中未包括苗木、花卉价格，各地在使用时应按本地区市场苗价，另行计算。

③定额不包括种植前清除建筑垃圾及其他障碍物，但包括种植后绿化地周围 2 m 内的清理工作。

④起挖或栽植树木均以一、二类土为准编制，如为三类土，按相应定额子目人工乘以系数 1.34，四类土人工乘以系数 1.76，冻土人工乘以系数 2.20。

⑤定额以原土回填为准，如需换土，按换土定额另行计算。

⑥栽植树木支撑价格按树木支撑定额计算。

⑦绿化工程均包括施工地点 50 m 范围以内的材料搬运，因场地受限超过运距时，另行计算超运距费用。

⑧定额人工整理绿化地，是绿化施工前土层厚度 30 cm 内的挖、填、找平的地坪整理换土时应根据绿化工程施工现场的实际情况套用相应子目，但不得累加重复计算。

⑨定额所有栽植绿化苗木规格指栽植是符合设计要求的规格。

⑩定额中其栽植等操作损耗率规定如下：a. 裸根乔木、灌木为 1.5%；b. 绿篱、藤本植物、地被植物、盆花为 2%；c. 水生植物、竹类、草籽、花籽为 4%；d. 草皮、花坛花卉、色带为 6%。上述栽植植物设计密度与定额考虑不同时，按设计密度，再加上定额损耗率调整子目中的苗木消耗量。

⑪在边坡（坡度 >30°）时起挖或栽植花草树木按相应定额子目人工乘以系数 1.2（喷播植草除外）。

⑫绿地起伏造型适用于设计造型高度 80 cm 以内，平均坡度不大于 15°的地形；设计造型高度 80 cm 以外，平均坡度大于 15°的地形套用堆筑土山丘相应定额子目。

⑬铲除草皮、砍挖灌木、砍挖绿篱地被植物定额中含草根、草皮、树枝、树根等异物的外运 5 km，每增（减）1 km，载货汽车消耗量在上述相应定额子目基础上增加（减少）8%，其他不变。

⑭铲除草皮仅适用于草坪更新时铲除原有草皮。

⑮定额未单列棕榈植物的栽植，单杆棕榈植物套用乔木相应定额，丛生棕榈植物套用灌木相应定额。

⑯栽植地被植物片植定额子目按 9 株/m²、16 株/m²、25 株/m²、36 株/m²、49 株/m²、64 株/m² 进行编制，栽植地被种植密度超过 64 株/m² 时，仍按 64 株/m² 定额子目，只调整苗木消耗量，其余不作调整。

⑰种植地被植物当地被植物的高度大于 50 cm，冠幅大于 40 cm，种植密度大于 8 株/m² 时套用片植灌木定额子目，种植密度小于 8 株/m² 时，可套用单株栽植灌木的相应定额子目。

⑱定额起挖绿化植物定额子目，只适用于绿化地原有绿化植物迁移时的起挖，不适用于生产绿地的苗木起挖。

⑲定额带土球苗木起挖、栽植按土球直径进行编制，带土球苗木需按苗木规格换算土球直径套用相应定额，可参照表 4.5 进行换算。

表 4.5 乔木规格与土球参考对应表

土球直径(cm 以内)	20	30	40	50	60	70	80	100	120
苗木胸径(cm)	2	3	4 ~ 5	6	7	8	9 ~ 10	11 ~ 12	13 ~ 15
土球直径(cm 以内)	140	160	180	200	220	240	260	280	
苗木胸径(cm)	16 ~ 20	21 ~ 24	25 ~ 28	29 ~ 33	34 ~ 38	39 ~ 42	43 ~ 46	47 ~ 50	

灌木土球规格按地径的 7 倍或按冠幅的 1/3 计算。

⑳起挖和栽植带土球灌木土球的直径超过 140 cm 时,按带土球乔木定额的相应定额子目人工乘以系数 1.05。

㉑防护棚搭设按单层防护网搭设考虑,如双层搭设,防护网材料按相应定额子目调整用量,人工乘以系数 1.2。

㉒立体花坛未包括花坛造型制作费。

㉓汽车运输苗木只适用于苗木迁移和发包方供应苗木的情况下使用。

㉔单杆棕榈运输按乔木相应定额子目执行,丛生棕榈及竹类运输按灌木相应定额子目执行。

㉕绿地喷灌管道安装按《云南省通用安装工程消耗量定额》相应定额执行。

㉖定额绿化养护为成活保养期完成后的保存养护费,养护定额所包含的定额时间单位为年,即连续累计 12 个月为 1 年,若分月承包则按表 4.6 系数执行。

表 4.6 城市绿地养护管理分级表

时间	1 个月	2 个月	3 个月	4 个月	5 个月	6 个月	7 个月	8 个月	9 个月	10 个月	11 个月	12 个月
系数	0.19	0.27	0.34	0.41	0.49	0.56	0.63	0.71	0.78	0.85	0.93	1

㉗养护标准:绿化保存养护参考《城市绿地养护管理分级表》(见表 4.7)的养护要求,分为三个养护等级,定额编制了一级、二级保存养护定额,如遇三级养护在二级保存养护定额消耗量乘 0.8 系数。

表 4.7 城市绿地养护管理分级表

项目		养护级别		
		一级	二级	三级
保存率	树木	≥99%	≥98%	≥95%
	灌木	≥98%	≥97%	≥95%
	地被	≥98%	≥97%	≥95%
树木养护		树木生长,树型完美,枝叶茂盛;针叶树保持明显的顶端优势,花灌木开花繁茂,观果树形成良好的观赏效果,整形树种按观赏要求形成一定的形状;行道树无缺株、死株、枯枝等现象;绿篱造形植物按设计要求适时整形修剪。	树木生长良好,修剪及时,主侧枝分布合理;整形树种按观赏要求养护成一定的形状;行道树缺株率不得大于1%,无枯枝、死树。	树木生长正常,无枯枝、死树,行道树的缺株率不得大于2%;树形比较完整重点植物要修剪。

续表

项目		养护级别		
		一级	二级	三级
花卉养护		花卉健壮,株行距适宜,花期整齐一致,花色鲜艳,繁茂,无残花败叶。一二年生花卉每处换花三次。	花色艳丽,无明显残缺株。一二年生花卉每处换花二次。	花卉布置及整体效果有一定的观赏性,一二年生花卉每处换花一次。
草坪养护		草坪修剪整齐,生长健壮,无杂草,斑秃量小于1%。杂草率小于1%,无渍水、无垃圾及废弃物、无病虫害。	草坪修剪整齐,生长正常,杂草率小于2%,斑秃量小于3%。无渍水、无垃圾及废弃物、无病虫害。	草坪生长基本正常,基本按时修剪,杂草率小于5%,斑秃量小于5%。
杂草控制		绿地整体无杂草。	无大型野草、缠绕性攀附性杂草,零星区域其他杂草控制在5厘米以下,杂草率控制在10%以内;路边、树穴内无杂草。	无大型野草、缠绕性攀附性杂草,其他杂草率不得超过20%。
病虫害控制指标	病害 病株率	≤5%	≤10%	≤15%
	虫害 食叶性害虫	≤5%	≤10%	≤15%
	危害率 刺吸性害虫	≤10%	≤20%	≤30%
	蛀干性害虫	≤3%	≤5%	≤10%
环境卫生		整齐清洁,无垃圾杂物,树木无钉子、挂物和拴扎铁丝现象。	基本整洁,无明显垃圾杂物,基本无钉子、挂物和拴扎铁丝现象。	无沉淀堆积杂物、污物,没有严重的钉子、挂物和拴扎铁丝现象。
设施设备		园林建筑和构筑设施完好,各类设施设备整洁无损,运转正常,无安全隐患,公厕清洁,无管道滴漏。	园林建筑和构筑设施基本完好,各类设施设备基本正常,无安全隐患,公厕清洁,无管道滴漏。	园林建筑、各类设施设备基本完整,有少量残缺,无安全隐患,公厕基本适用,无管道滴漏。

㉘藤本植物养护按高100 cm 灌木养护定额子目乘以系数0.5。

㉙散生竹养护按胸径5 cm 以内乔木养护定额子目乘以系数0.54;丛生竹养护按高100 cm 灌木养护定额子目执行。

㉚定额绿化养护未包括的内容:a. 古树名木保护费用;b. 花卉更换费用。

㉛起挖特大或名贵树木另行计算。

㉜栽植乔木土球直径超过280 cm的另行计算。

㉝栽植三排绿篱按栽植单排绿篱相应定额子目乘以系数2.0。

4.5 计算实例

【例4.1】 某小区园林绿化施工如图4.1、图4.2所示,试计算绿化工程量、编制工程量清单并计算综合单价。

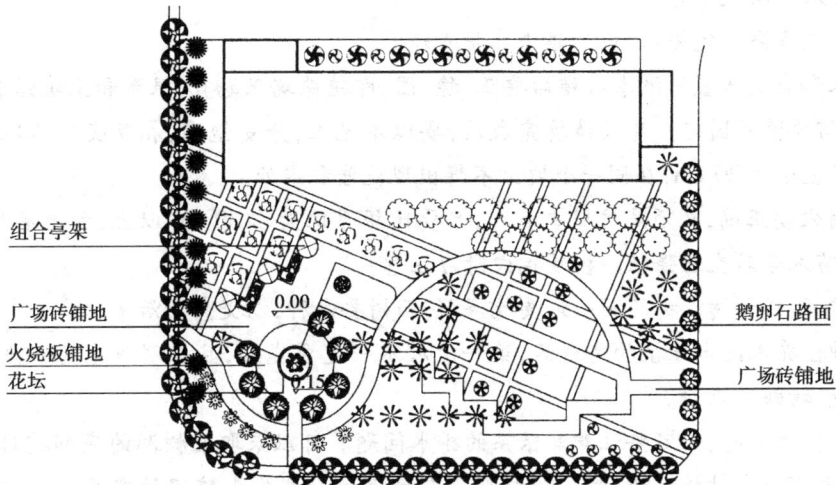

图4.1 总平面图

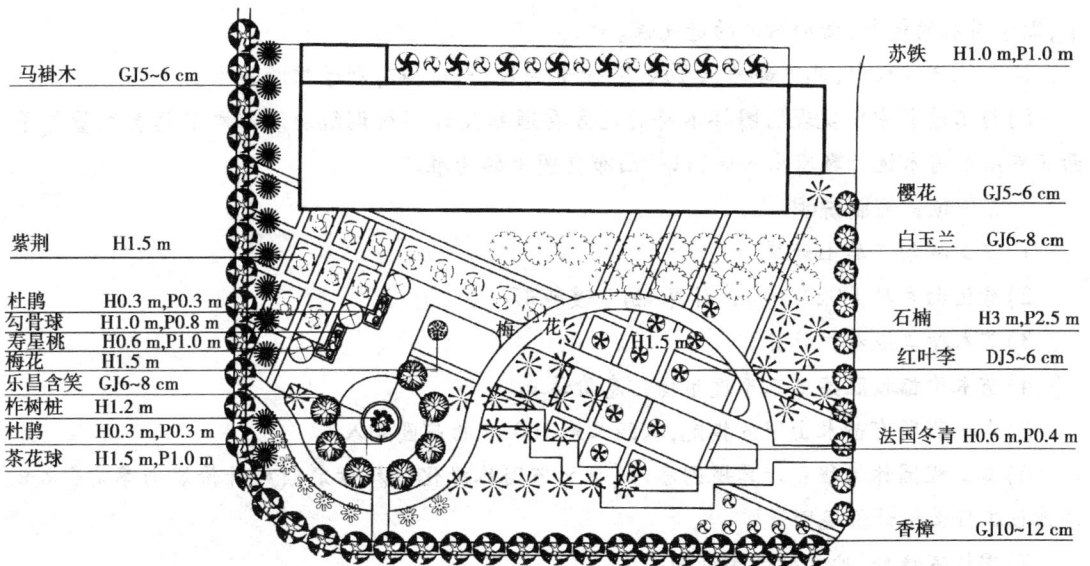

图4.2 植物配置图

81

工程做法及其他说明：

1. 绿化种植说明

1)按本图施工时，严格遵守《城市绿化工程施工及验收规范》。

2)绿化土壤应为良好土壤，不含建筑垃圾，绿地按设计要求构筑地形，播种地应施足基肥，整地注意组织好排水，将水排至道路或排水沟。

3)严格按苗木表规格购苗，应选择枝干健壮、根系发达、主根完整、侧根短直和须根多、形体优美的苗木，所有苗木移植严格按土球设计要求起苗，按要求包扎、运输。

4)孤植树应姿态优美、奇特、耐看，规则式种植的乔灌木，同一树种规格大小应统一，丛植和群植乔灌木应高低错落。

5)植后应立即浇定根水，以后集中养护管理。

6)乔木和点式布置的灌木栽植后要正、稳、固，即植株端正笔直，根系和土壤结合紧密，大苗、易倒的苗要紧扎固定。片式植物完成后，要以不见土，分支饱满，相互交错为准。草皮栽植平整度误差小于20 cm，在同一个坡上不得出现坑洼积水处。

7)挖树穴要正确，必须是坑壁垂直形，且要比根系球大出30 cm以上，加上有机肥，再覆土种植，使苗木今后生长强壮。植物挖穴时应注意：

①深挖洞，浅种树。树的洞一定要挖得深，而树要浅种，以提高成活率。

②在种植乔木灌木等植物完成后，第一次灌水一定要浇透，且在刚栽完的一段时期内勤浇水，防止植物缺水死亡。

③在种植大树时，一定要注意其根系的排水问题。可以采取在树洞的底部挖排水沟或埋设排水管；也可以在种植大树时深挖树洞，再在底部放一些排水较好的东西，如碎砖块、沙子等；或者用透气性较好的东西，如泥碳、珍珠岩等，拌于种植土中或单独装在透气性好的袋子中，贴于树木的根部，增加树木的透气性。

④在种植过程中，其下部的土要较实，上部的较松，这样有利于植物的生长。

8)施工过程中发现现场图样不符的地方要通知设计师协调解决。苗木汇总表数量与平面布置图中苗木统计数有出入时，以平面布置图上的为准。

2. 工程预算编制说明

1)本工程按三类土计算。

2)绿化面积按1 922.19 m² 计算，属于暖地形。

3)苗木按二级养护计算。

4)苗木价格按照某省三季度市场信息价计算。

5)本工程所有苗木由甲方指定，从距工地100 m的苗圃购入。

6)本工程园林工程量计算规则参考《××省园林绿化消耗量定额》，计价规则参考《××省建设工程造价计价规则》。

7)图样不详处，按常规做法处理。

【解】 (1)编制绿化工程量清单见表4.8。

表 4.8 绿化工程量清单

序号	项目编码	项目名称	项目特征描述	计量单位	工程量
1	050101006001	整理绿化用地	找平找坡要求:30 cm 以内	m²	1 922.19
2	050102001001	栽植乔木	1. 乔木种类:香樟 2. 乔木胸径:10～12 cm 3. 养护期:一年,二级养护	株	32
3	050102001002	栽植乔木	1. 乔木种类:马褂木 2. 乔木胸径:5～6 cm 3. 养护期:一年,二级养护	株	12
4	050102001003	栽植乔木	1. 乔木种类:乐昌含笑 2. 乔木胸径:6～8 cm 3. 养护期:一年,二级养护	株	7
5	050102001004	栽植乔木	1. 乔木种类:樱花 2. 乔木胸径:5～6 cm 3. 养护期:一年,二级养护	株	10
6	050102001005	栽植乔木	1. 乔木种类:白玉兰 2. 乔木胸径:6～8 cm 3. 养护期:一年,二级养护	株	17
7	050102001006	栽植乔木	1. 乔木种类:红叶李 2. 乔木胸径:5～6 cm 3. 养护期:一年,二级养护	株	10
8	050102001007	栽植乔木	1. 乔木种类:梅花 2. 乔木胸径:5～6 cm 3. 养护期:一年,二级养护	株	1
9	050102001008	栽植乔木	1. 乔木种类:寿星桃 2. 乔木胸径:3～5 cm 3. 养护期:一年,二级养护	株	15
10	050102001009	栽植乔木	1. 乔木种类:柞树桩 2. 乔木胸径:29～30 cm 3. 养护期:一年,二级养护	株	1
11	050102003001	栽植棕榈类	1. 棕榈种类:苏铁 2. 株高:1.0 m,蓬径:1.0 m 3. 养护期:一年,二级养护	株	8
12	050102004001	栽植灌木	1. 灌木种类:紫荆 2. 灌丛高:1.5 m,蓬径:1.5 m 3. 起挖方式:带土球 4. 养护期:一年,二级养护	株	13

续表

序号	项目编码	项目名称	项目特征描述	计量单位	工程量
13	050102004002	栽植灌木	1. 灌木种类:勾骨球 2. 灌丛高:1.0 m,蓬径:0.8 m 3. 起挖方式:带土球 4. 养护期:一年,二级养护	株	4
14	050102004003	栽植灌木	1. 灌木种类:茶花球 2. 灌丛高:1.0 m,蓬径:1.0 m 3. 起挖方式:带土球 4. 养护期:一年,二级养护	株	7
15	050102004004	栽植灌木	1. 灌木种类:石楠 2. 灌丛高:3 m,蓬径:2.5 m 3. 起挖方式:带土球 4. 养护期:一年,二级养护	株	27
16	050102005001	栽植绿篱	1. 绿篱种类:法国冬青 2. 篱高:0.6 m,蓬径:0.4 m 3. 行数:单行 4. 养护期:一年,二级养护	m	316.37
17	050102008001	栽植花卉	1. 花卉种类:杜鹃 2. 株高:0.3 m,蓬径:0.3 m 3. 养护期:一年,二级养护	m²	29.64
18	050102012001	铺种草皮	1. 草皮种类:混播草 2. 铺种方式:满铺 3. 养护期:一年,二级养护	m²	1 922.19

(2)绿化工程量清单项与定额项的匹配

根据表4.1知绿化种植的工作内容包括:绿地整理、栽植花木、绿地喷灌;栽植花木的工作内容包括:苗木起挖、苗木运输、苗木栽植、苗木养护。再结合表4.4项目特征的描述要求,在计算本例绿化种植工程的综合单价时,应匹配的定额项见表4.9。

表4.9　绿化工程量清单项与定额项的匹配

清单项		定额项(《××省园林绿化消耗量定额》)	
项目编码	项目名称	定额编号	定额名称
050101006001	整理绿化用地	05010001	整理绿化用地
050102001001	栽植乔木(香樟)	05010051	起挖乔木(带土球)土球直径100 cm以内
		05010290	人力运输乔木,土球直径100 cm以内运距100 m以内
		05010068	栽植乔木(带土球)土球直径100 cm以内
		05010384	乔木二级养护,胸径20 cm以内

清单项		定额项(《××省园林绿化消耗量定额》)	
项目编码	项目名称	定额编号	定额名称
050102001002	栽植乔木(马褂木)	05010047	起挖乔木(带土球)土球直径 50 cm 以内
		05010280	人力运输乔木,土球直径 50 cm 以内运距 100 m 以内
		05010064	栽植乔木(带土球)土球直径 50 cm 以内
		05010383	乔木二级养护,胸径 10 cm 以内
050102001003	栽植乔木(乐昌含笑)	05010049	起挖乔木(带土球)土球直径 70 cm 以内
		05010284	人力运输乔木,土球直径 70 cm 以内运距 100 m 以内
		05010066	栽植乔木(带土球)土球直径 70 cm 以内
		05010383	乔木二级养护,胸径 10cm 以内
050102001004	栽植乔木(樱花)	05010047	起挖乔木(带土球)土球直径 50 cm 以内
		05010280	人力运输乔木,土球直径 50 cm 以内运距 100 m 以内
		05010064	栽植乔木(带土球)土球直径 50 cm 以内
		05010383	乔木二级养护,胸径 10 cm 以内
050102001005	栽植乔木(白玉兰)	05010049	起挖乔木(带土球)土球直径 70 cm 以内
		05010284	人力运输乔木,土球直径 70 cm 以内运距 100 m 以内
		05010066	栽植乔木(带土球)土球直径 70 cm 以内
		05010383	乔木二级养护,胸径 10 cm 以内
050102001006	栽植乔木(红叶李)	05010047	起挖乔木(带土球)土球直径 50 cm 以内
		05010280	人力运输乔木,土球直径 50 cm 以内运距 100 m 以内
		05010064	栽植乔木(带土球)土球直径 50 cm 以内
		05010383	乔木二级养护,胸径 10cm 以内
050102001007	栽植乔木(梅花)	05010047	起挖乔木(带土球)土球直径 50 cm 以内
		05010280	人力运输乔木,土球直径 50 cm 以内运距 100 m 以内
		05010064	栽植乔木(带土球)土球直径 50 cm 以内
		05010383	乔木二级养护,胸径 10 cm 以内
050102001008	栽植乔木(寿星桃)	05010046	起挖乔木(带土球)土球直径 40 cm 以内
		05010278	人力运输乔木,土球直径 40 cm 以内运距 100 m 以内
		05010063	栽植乔木(带土球)土球直径 40 cm 以内
		05010382	乔木二级养护,胸径 5 cm 以内
050102001009	栽植乔木(柞树桩)	05010056	起挖乔木(带土球)土球直径 200 cm 以内
		05010332	汽车运输乔木,土球直径 200 cm 以内运距 1 km 以内
		05010073	栽植乔木(带土球)土球直径 200 cm 以内
		05010385	乔木二级养护,胸径 30 cm 以内

续表

清单项		定额项（《××省园林绿化消耗量定额》）	
项目编码	项目名称	定额编号	定额名称
050102003001	栽植棕榈类（苏铁）	05010053	起挖乔木（带土球）土球直径140 cm以内
		05010326	汽车运输乔木，土球直径140 cm以内运距1 km以内
		05010070	栽植乔木（带土球）土球直径140 cm以内
		05010384	乔木二级养护，胸径20 cm以内
050102004001	栽植灌木（紫荆）	05010101	起挖灌木（带土球）土球直径50 cm以内
		05010302	人力运输灌木，土球直径50 cm以内运距100 m以内
		05010111	栽植灌木（带土球）土球直径50 cm以内
		05010394	灌木二级养护，高度200 cm以内
050102004001	栽植灌木（勾骨球）	05010099	起挖灌木（带土球）土球直径30 cm以内
		05010298	人力运输灌木，土球直径30 cm以内运距100 m以内
		05010109	栽植灌木（带土球）土球直径30 cm以内
		05010393	灌木二级养护，高度100 cm以内
050102004001	栽植灌木（茶花球）	05010100	起挖灌木（带土球）土球直径40 cm以内
		05010300	人力运输灌木，土球直径40 cm以内运距100 m以内
		05010110	栽植灌木（带土球）土球直径40 cm以内
		05010393	灌木二级养护，高度100 cm以内
050102004001	栽植灌木（石楠）	05010104	起挖灌木（带土球）土球直径80 cm以内
		05010308	人力运输灌木，土球直径80 cm以内运距100 m以内
		05010114	栽植灌木（带土球）土球直径80 cm以内
		05010395	灌木二级养护，高度300 cm以内
050102005001	栽植绿篱（法国冬青）	05010150	栽植绿篱（单排）高度60 cm以内
050102008001	栽植花卉（杜鹃）	05010161	露地花坛栽植图案花坛一般
		05010403	地被二级养护花坛
050102012001	铺种草皮	05010179	草皮铺种（满铺）
		05010404	地被二级养护草坪

（3）本题相关项目的定额工程量计算规则与清单工程量计算规则相同，所以定额工程量与清单工程量相同，不另计算。

（4）经询价知当地相关未计价材料的价格见表4.10。

表4.10 相关未计价材料的价格

项次	材料品名	规格	计量单位	单价/元
1	香樟	胸径:10~12 cm	株	980
2	马褂木	胸径:5~6 cm	株	450
3	乐昌含笑	胸径:6~8 cm	株	700
4	樱花	胸径:5~6 cm	株	480
5	白玉兰	胸径:6~8 cm	株	190
6	红叶李	胸径:5~6 cm	株	600
7	梅花	胸径:5~6 cm	株	280
8	寿星桃	胸径:3~5 cm	株	300
9	柞树桩	胸径:29~30 cm	株	1 800
10	苏铁	株高1.0 m,蓬径1.0 m	株	150
11	紫荆	灌丛高1.5 m,蓬径1.5 m	株	280
12	勾骨球	灌丛高1.0 m,蓬径0.8 m	株	65
13	茶花球	灌丛高1.0 m,蓬径1.0 m	株	480
14	石楠	灌丛高3 m,蓬径2.5 m	株	1.8
15	法国冬青	篱高:0.6 m,蓬径:0.4 m	m	1.5
16	杜鹃	株高:0.3 m 蓬径:0.3 m	m²	1.8
17	草坪	混播草坪	m²	9
18	肥料(复合肥)		kg	3.7
19	基肥		kg	3
20	有机肥(土堆肥)		kg	4

(5)绿化分项工程综合单价计算见表4.11。

表 4.11 综合单价分析表

清单综合单价组成明细

序号	项目编码	项目名称	计量单位	工程量	定额编号	定额名称	定额单位	数量	单价/元				合价/元				综合单价
									人工费	材料费	机械费	管理费和利润	人工费	材料费	机械费	管理费和利润	
1	050101006001	整理绿化用地	m²	1 922.19	05010001	整理绿化用地	10 m²	0.1	28.75	23			3.85			4.28	8.14
2	050102001001	栽植乔木（香樟）	株	32	05010051	起挖乔木（带土球）土球直径 100 cm 以内	株	1	99.65	23	32.96		133.53	23.00	32.96	136.60	1 833.85
					05010290	人力运输乔木，土球直径 100 cm 以内运距 100 m 以内	100 株	0.01	12 242.6				122.43			122.86	
					05010068	栽植乔木（带土球）土球直径 100 cm 以内	株	1	67.71	981.68	28.15		90.73	981.68	28.15	93.41	
					05010384	乔木二级养护，胸径 20 cm 以内	株/年	1	30.22	4.46	2.94		30.22	4.46	2.94	30.89	
						小计							376.91	1 009.14	64.05	383.75	

序号	项目编码	项目名称	计量单位	工程量	定额编号	工程内容（定额名称）	单位	数量	单价 人工费	单价 材料费	合价 人工费	合价 材料费	合价 机械费	合价 管理费和利润	合计
3	050102001002	栽植乔木（马褂木）	株	12											652.68
					05010047	起挖乔木（带土球）土球直径50 cm以内	株	1	25.55	6.9	34.24	6.90		34.67	
					05010280	人力运输乔木，土球直径50 cm以内运距100 m以内	100 株	0.01	504.01		5.04			5.47	
					05010064	栽植乔木（带土球）土球直径50 cm以内	株	1	29.38	450.42	39.37	450.42		39.80	
					05010383	乔木二级养护，胸径10 cm以内	株/年	1	15.01	3.15	15.01	3.15	2.94	15.68	
						小计					93.66	460.47	2.94	95.61	

续表

清单综合单价组成明细

序号	项目编码	项目名称	计量单位	工程量	定额编号	定额名称	定额单位	数量	单价/元			合价/元				综合单价
									人工费	材料费	机械费	人工费	材料费	机械费	管理费和利润	
4	050102001003	栽植乔木(乐昌含笑)	株	7	05010049	起挖乔木(带土球)土球直径70 cm以内	株	1	52.38	9.2	16.1	70.19	9.20	16.10	71.91	1 077.84
					05010284	人力运输，土乔木，土球直径70 cm以内 运距100 m以内	100株	0.01	2 675.93			26.76			27.19	
					05010066	栽植乔木(带土球)土球直径70 cm以内	株	1	38.33	700.7	14.69	51.36	700.70	14.69	52.97	
					05010383	乔木二级养护，胸径10 cm以内	株/年	1	15.01	3.15	2.94	15.01	3.15	2.94	15.68	
						小计						163.32	713.05	33.73	167.74	

序号	项目编码	项目名称	单位	工程量	综合单价	定额编号	名称	单位	数量	单价 人工费	单价 材料费	单价 机械费	合价 人工费	合价 材料费	合价 机械费	合计
5	050102001004	栽植乔木（樱花）	株	10	682.68											
						05010047	起挖乔木（带土球）土球直径 50 cm 以内	株	1	25.55	6.9		34.24	6.90		34.67
						05010280	人力运输乔木，土球直径 50 cm 以内运距 100 m 以内	100 株	0.01	504.01			5.04			5.47
						05010064	栽植乔木（带土球）土球直径 50 cm 以内	株	1	29.38	480.42		39.37	480.42		39.80
						05010383	乔木二级养护，胸径 10 cm 以内	株/年	1	15.01	3.15	2.94	15.01	3.15	2.94	15.68
							小计						93.66	490.47	2.94	95.61

续表

清单综合单价组成明细

序号	项目编码	项目名称	计量单位	工程量	定额编号	定额名称	定额单位	数量	单价/元				合价/元				综合单价
									人工费	材料费	机械费	管理费和利润	人工费	材料费	机械费	管理费和利润	
					05010049	起挖乔木（带土球）土球直径70 cm 以内	株	1	52.38	9.2	16.1		70.19	9.20	16.10	71.91	
					05010284	人力运输乔木，土球直径70 cm 以内 运距100 m 以内	100株	0.01	2 675.93				26.76			27.19	
6	050102 001005	栽植乔木（白玉兰）	株	17	05010066	栽植乔木（带土球）土球直径70 cm 以内	株	1	38.33	190.7	14.69		51.36	190.70	14.69	52.97	564.69
					05010383	乔木二级养护，胸径10 cm 以内	株/年	1	15.01	3.15	2.94		15.01		2.94	15.68	
						小计							163.32	199.90	33.73	167.74	

序号	项目编码	项目名称	计量单位	工程数量	定额编号	子目名称	单位	数量	综合单价（元）				综合合价（元）				合计
									人工费	材料费	机械费	小计	人工费	材料费	机械费	小计	
7	050102001006	栽植乔木（红叶李）	株	10													802.68
					05010047	起挖乔木（带土球）土球直径50cm以内	株	1	25.55	6.9		34.24		6.90		34.67	
					05010280	人力运输乔木，土球直径50cm以内 运距100m以内	100株	0.01	504.01			5.04				5.47	
					05010064	栽植乔木（带土球）土球直径50cm以内	株	1	29.38	600.42		39.37		600.42		39.80	
					05010383	乔木二级养护，胸径10cm以内	株/年	1	15.01	3.15	2.94	15.01		3.15	2.94	15.68	
					小计				93.66	610.47	2.94					95.61	

93

续表

序号	项目编码	项目名称	计量单位	工程量	定额编号	定额名称	定额单位	数量	清单综合单价组成明细									综合单价
									单价/元				合价/元					
									人工费	材料费	机械费	管理费和利润	人工费	材料费	机械费	管理费和利润		
8	050102 001007	栽植乔木 (梅花)	株	1	05010047	起挖乔木（带土球）土球直径 50 cm 以内	株	1	25.55	6.9			34.24	6.90		34.67		482.68
					05010280	人力运输乔木，土球直径 50 cm 以内 运距 100 m 以内	100 株	0.01	504.01				5.04			5.47		
					05010064	栽植乔木（带土球）土球直径 50 cm 以内	株	1	29.38	280.42			39.37	280.42		39.80		
					05010383	乔木二级养护，胸径 10 cm 以内	株/年	1	15.01	3.15	2.94		15.01	3.15	2.94	15.68		
						小计							93.66	290.47	2.94	95.61		

序号	编号	项目名称	单位	数量								合计
9	050102 001008	栽植乔木（寿星桃）	株	15								432.32
	05010046	起挖乔木（带土球）土球直径 40 cm 以内	株	1	16.61	4.6		22.26	4.60		22.69	
	05010278	人力运输乔木，土球直径 40 cm 以内 运距 100 m 以内	100 株	0.01	214			2.14			2.57	
	05010063	栽植乔木（带土球）土球直径 40 cm 以内	株	1	19.16	300.28		25.67	300.28		26.10	
	05010382	乔木二级养护，胸径 5 cm 以内	株/年	1	10.03	2.87	2.45	10.03	2.87	2.45	10.66	
小计								60.10	307.75	2.45	62.02	

续表

清单综合单价组成明细

序号	项目编码	项目名称	计量单位	工程量	定额编号	定额名称	定额单位	数量	单价/元			合价/元				综合单价
									人工费	材料费	机械费	人工费	材料费	机械费	管理费和利润	
10	050102001009	栽植乔木(柞树桩)	株	1	05010056	起挖乔木(带土球)土球直径200cm以内	株	1	403.72	125.55	232.32	540.98	125.55	232.32	560.00	4 973.90
					05010332	汽车运输乔木,土球直径200 cm以内运距1 km以内	100株	0.01	12 422.7	6.53	32 878.62	124.23	0.07	328.79	150.96	
					05010073	栽植乔木(带土球)土球直径200 cm以内	株	1	272.77	1 809.2	243.22	365.51	1 809.19	243.22	385.40	
					05010385	乔木二级养护,胸径30 cm以内	株/年	1	48.8	5.94	3.44	48.80	5.94	3.44	49.51	
						小计						1 079.52	1 940.75	807.77	1 145.87	

序号	项目编码	项目名称	单位	工程量	定额编号	名称	单位	数量							
11	050102 003001	栽植棕榈类（苏铁）	株	8	05010053	起挖乔木（带土球）土球直径140 cm以内	株	1	175.03	46	86.66	234.54	46.00	86.66	241.90
					05010326	汽车运输乔木，土球直径140 cm以内运距1 km以内	100株	0.01	4 318.29	3.78	8 081.3	43.18	0.04	80.81	50.08
					05010070	栽植乔木（带土球）土球直径140 cm以内	株	1	148.84	152.8	68.52	199.45	152.80	68.52	205.36
					05010384	乔木二级养护，胸径20 cm以内	株/年	1	30.22	4.46	2.94	30.22	4.46	2.94	30.89
			小计									507.39	203.30	238.93	528.22

1 477.84

清单综合单价组成明细

序号	项目编码	项目名称	计量单位	工程量	定额编号	定额名称	定额单位	数量	单价/元			合价/元				综合单价
									人工费	材料费	机械费	人工费	材料费	机械费	管理费和利润	
12	050102004001	栽植灌木（紫荆）	株	13	05010101	起挖灌木（带土球）土球直径50cm以内	株	1	33.86	4.6		45.37	4.60		45.80	
					05010302	人力运输灌木，土球直径50cm以内运距100m以内	100丛	0.01	302.15			3.02			3.45	
					05010111	栽植灌木（带土球）土球直径50cm以内	株	1	29.7	281.47	2.45	39.80	281.47	2.45	40.23	
					05010394	灌木二级养护，高度200cm以内	株/年	1	5.49	1.83	2.45	5.49	1.83	2.45	6.12	
						小计						93.68	287.90	2.45	95.60	479.63

98

序号	编码	名称	单位	数量	单价人工费	单价材料费	单价机械费	合价人工费	合价材料费	合价机械费	管理费和利润	合计
13	050102004001	栽植灌木（勾骨球）	株	4								143.89
	05010099	起挖灌木（带土球）土球直径30cm以内	株	1	11.24	2.3		15.06	2.30		15.49	
	05010298	人力运输灌木，土球直径30cm以内运距100m以内	100丛	0.01	64.52			0.65			1.08	
	05010109	栽植灌木（带土球）土球直径30cm以内	株	1	13.41	65.89		17.97	65.89		18.40	
	05010393	灌木二级养护，高度100cm以内	株/年	1	1.53	1.45	1.96	1.53	1.45	1.96	2.12	
		小计						35.21	69.64	1.96	37.08	

续表

清单综合单价组成明细

序号	项目编码	项目名称	计量单位	工程量	定额编号	定额名称	定额单位	数量	单价/元			合价/元				综合单价
									人工费	材料费	机械费	人工费	材料费	机械费	管理费和利润	
14	050102004001	栽植灌木（茶花球）	株	7	05010100	起挖灌木（带土球）土球直径40 cm 以内	株	1	20.51	3.45		27.48	3.45		27.91	607.01
					05010300	人力运输灌木，土球直径40 cm 以内 运距100 m 以内	100 丛	0.01	128.4			1.28			1.71	
					05010110	栽植灌木（带土球）土球直径40 cm 以内	株	1	21.08	481.18		28.25	481.18		28.68	
					05010393	灌木二级养护，高度100 cm 以内	株/年	1	1.53	1.45	1.96	1.53	1.45	1.96	2.12	
						小计						58.54	486.08	1.96	60.42	

序号	项目编码/定额编号	项目名称/定额名称	计量单位	工程量/数量	单价 人工费	材料费	机械费	合价 人工费	材料费	机械费	合价	综合单价
15	050102004001	栽植灌木（石楠）	株	27								543.74
	05010104	起挖灌木（带土球）土球直径80 cm 以内	株	1	75	13.8	20.95	100.50	13.80	20.95		102.61
	05010308	人力运输灌木，土球直径80 cm 以内 运距100 m 以内	100丛	0.01	2 665.07			26.65				27.08
	05010114	栽植灌木（带土球）土球直径80 cm 以内	株	1	70.59	4.14	20.95	94.59	4.14	20.95		96.70
	05010395	灌木二级养护，高度300 cm 以内	株/年	1	14.95	2.27	2.94	14.95	2.27	2.94		15.62
小计								236.69	20.21	44.84		242.00

续表

清单综合单价组成明细

序号	项目编码	项目名称	计量单位	工程量	定额编号	定额名称	定额单位	数量	单价/元			合价/元				综合单价
									人工费	材料费	机械费	人工费	材料费	机械费	管理费和利润	
16	050102005001	栽植绿篱（法国冬青）	m	316.37	05010150	栽植绿篱（单排）高度60 cm以内	10 m	0.1	81.77	31.72		8.18	3.17		8.61	19.96
17	050102008001	栽植花卉（杜鹃）	m²	29.64	05010161	露地花坛栽植图案花坛一般	10 m²	0.1	129.68	6		12.97	0.60		13.40	49.17
					05010403	地被二级养护花坛	m²/年	1	6.64	8.49	1.47	6.64	8.49		7.07	
						小计						19.61	9.09		20.47	
18	050102012001	铺种草皮	m²	1 922.19	05010179	草皮铺种（满铺）	10 m²	0.1	88.67	103.65		8.87	10.37		9.30	46.95
					05010404	地被二级养护草坪	m²/年	1	6.39	5.21	2.31	6.39	5.21		6.82	
						小计						15.26	15.58		16.12	

（6）绿化项目分部分项工程费计算见表4.12。

表4.12　分部分项工程清单与计价表

序号	项目编码	项目名称	计量单位	工程量	金　额(元)				
					综合单价	合价	其中		
							人工费	机械费	暂估价
1	050101006001	整理绿化用地	m²	1 922.19	8.14	15 637.02	7 405.24		
2	050102001001	栽植乔木(香樟)	株	32	1 833.85	58 683.23	12 061.07	2 049.60	
3	050102001002	栽植乔木(马褂木)	株	12	652.677 8	7 832.13	1 123.88	35.28	
4	050102001003	栽植乔木(乐昌含笑)	株	7	1 077.84	7 544.88	1 143.24	236.11	
5	050102001004	栽植乔木(樱花)	株	10	682.68	6 826.78	936.56	29.40	
6	050102001005	栽植乔木(白玉兰)	株	17	564.69	9 599.73	2 776.45	573.41	
7	050102001006	栽植乔木(红叶李)	株	10	802.68	8 026.78	936.56	29.40	
8	050102001007	栽植乔木(梅花)	株	1	482.68	482.68	93.66	2.94	
9	050102001008	栽植乔木(寿星桃)	株	15	432.32	6 484.79	901.53	36.75	
10	050102001009	栽植乔木(柞树桩)	株	1	4 973.90	4 973.90	1 079.52	807.77	
11	050102003001	栽植棕榈类(苏铁)	株	8	1 477.84	11 822.74	4 059.11	1 911.46	
12	050102004001	栽植灌木(紫荆)	株	13	478.58	6 221.54	1 217.86	31.85	
13	050102004001	栽植灌木(勾骨球)	株	4	143.14	572.56	140.82	7.84	
14	050102004001	栽植灌木(茶花球)	株	7	606.11	4 242.74	409.81	13.72	
15	050102004001	栽植灌木(石楠)	株	27	544.24	14 694.47	6 390.67	1 210.68	
16	050102005001	栽植绿篱(法国冬青)	m	316.37	19.96	6 314.75	2 586.96		

续表

序号	项目编码	项目名称	计量单位	工程量	金　额(元)				
					综合单价	合价	其中		
							人工费	机械费	暂估价
17	050102 008001	栽植花卉 （杜鹃）	m²	29.64	49.03	1 453.13	581.18		
18	050102 012001	铺种草皮	m²	1 922.19	45.86	88 159.32	29 326.85		
合计						259 573.16	73 170.98	6 976.21	

【例4.2】　某滨水广场园林绿化施工如图4.3、图4.4所示,试计算绿化工程量、编制工程量清单并计算综合单价。

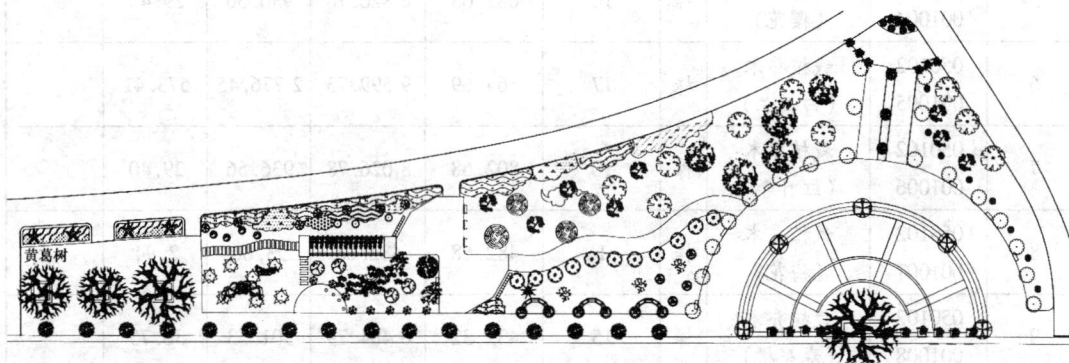

编号	图例	植物名称	规格			数量	单位	备注	编号	图例	植物名称	规格			数量	单位	备注
			胸径(cm)	高度(cm)	冠幅(cm)							胸径(cm)	高度(cm)	冠幅(cm)			
1		黄葛树				4	棵	原有树木保留	18		琴丝竹		300~350		12	丛	
2		栾树				3	棵	原有树木保留	19		凤尾兰		80~100		5	株	
3		鹅掌楸				5	棵	原有树木保留	20		红缨木球		80~100	80~100	4	株	
4		樱花				11	棵	原有树木保留	21		小叶女贞球		100~120	80~100	15	株	
5		紫薇	3~5	120~150		8	棵		22		黄花槐		150~200		3	株	
6		垂柳	12~15	250~300	200~250	16	棵		23		米兰		120~150		4	株	
7		银杏	12~15	600	300~400	4	棵	原有树木保留	24		黄金叶		40~50		22.00	m²	
8		红叶李				8	棵	原有树木保留	25		毛叶丁香		40~50		22.00	m²	
9		桂花	8~10	250~300	200~250	4	棵	分枝点高	26		栀子花		40~50		22.90	m²	
10		广玉兰	8~10	250~300	200~250	8	棵		27		红蕨木		40~50		29.37	m²	
11		天竺桂	10	250~300	200~250	5	棵	分枝点高	28		红叶石楠		40~50	20~25	33.84	m²	
12		龙爪槐	8~10	150	100	19	棵	树形好	29		南天竹		60~80	20~30	6.70	m²	
13		山茶	5~6	150	70~80	7	棵		30		双色茉莉		40~50	20~25	14.38	m²	
14		棕榈	18	300~350		7	棵		31		四季桂		40~50	20~25	33.20	m²	
15		石榴	5~6	150		3	棵		32		杜鹃		10~20	15~20	24.8	m²	
16		苏铁				4	棵	原有树木保留	33		长春藤				8	株	藤长1.5~2米
17		腊梅	3~5	200	150~200	4	丛		34		时令花卉						

图4.3　某滨水广场景观设计植物配置图

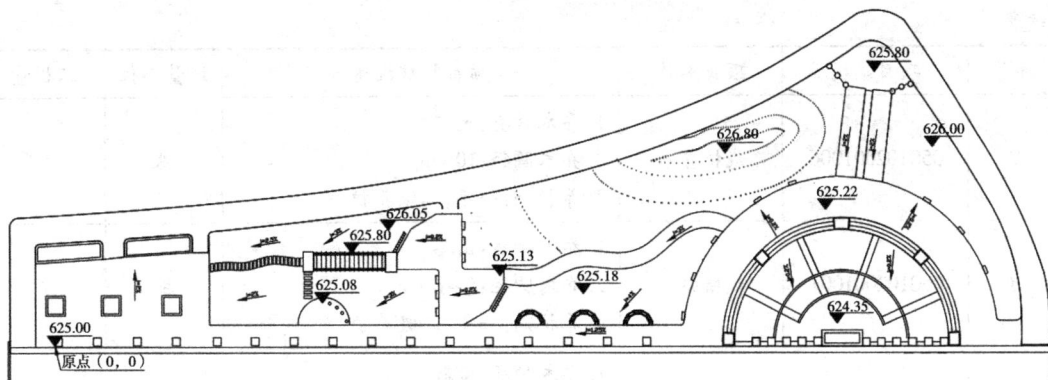

图 4.4　某滨水广场景观地形设计图

工程做法及其他说明：

(1)所有苗木移植严格按裸根设计要求起苗,栽植胸径在 120 mm 以上的乔木应设四脚桩支撑固定,栽植胸径在 120 mm 以下的乔木应设三脚桩支撑固定。

(2)本工程按二类土计算,绿化面积按 2 244 m² 计算,属于暖地形。

(3)苗木按二级养护计算。

(4)苗木价格按照某省三季度市场信息价计算。

(5)本工程园林工程量计算规则参考《××省园林绿化消耗量定额》,计价规则参考《××省建设工程造价计价规则》。

(6)图样不详处,按常规做法处理。

【解】　(1)编制绿化工程量清单见表 4.13。

表 4.13　绿化工程量清单

序号	项目编码	项目名称	项目特征描述	计量单位	工程量
1	050101006001	整理绿化用地	找平找坡要求:30 cm 以内	m²	2 244
2	050102001001	栽植乔木	1.乔木种类:垂柳 2.乔木胸径:12～15 cm 3.养护期:一年,二级养护	株	16
3	050102001002	栽植乔木	1.乔木种类:银杏 2.乔木胸径:12～15 cm 3.养护期:一年,二级养护	株	4
4	050102001003	栽植乔木	1.乔木种类:桂花 2.乔木胸径:8～10 cm 3.养护期:一年,二级养护	株	4
5	050102001004	栽植乔木	1.乔木种类:广玉兰 2.乔木胸径:8～10 cm 3.养护期:一年,二级养护	株	8
6	050102001005	栽植乔木	1.乔木种类:龙爪槐 2.乔木胸径:8～10 cm 3.养护期:一年,二级养护	株	19

续表

序号	项目编码	项目名称	项目特征描述	计量单位	工程量
7	050102001006	栽植乔木	1.乔木种类:天竺桂 2.乔木胸径:10 cm 3.养护期:一年,二级养护	株	5
8	050102001007	栽植乔木	1.乔木种类:山茶 2.乔木胸径:5~6 cm 3.养护期:一年,二级养护	株	7
9	050102001008	栽植乔木	1.乔木种类:紫薇 2.乔木胸径:3~5 cm 3.养护期:一年,二级养护	株	8
10	050102001009	栽植乔木	1.乔木种类:腊梅 2.乔木胸径:3~5 cm 3.养护期:一年,二级养护	丛	4
11	050102001010	栽植乔木	1.乔木种类:石榴 2.乔木胸径:5~6 cm 3.养护期:一年,二级养护	株	3
12	050102002011	栽植竹类	1.竹种类:琴丝竹 2.根盘丛径:0.8 m 3.养护期:一年,二级养护	丛	12
13	050102003001	栽植棕榈类	1.棕榈种类:棕榈 2.蓬径:3.0~3.5 m 3.养护期:一年,二级养护	株	7
14	050102004001	栽植灌木	1.灌木种类:红继木球 2.灌丛高:0.8~1.0 m,蓬径:0.8~1 m 3.起挖方式:裸根 4.养护期:一年,二级养护	株	4
15	050102004002	栽植灌木	1.灌木种类:小叶女贞球 2.灌丛高:1~1.2 m,蓬径:0.8~1 m 3.起挖方式:裸根 4.养护期:一年,二级养护	株	15
16	050102004003	栽植灌木	1.灌木种类:黄花槐 2.灌丛高:1.5~2.0 m 3.起挖方式:裸根 4.养护期:一年,二级养护	株	3
17	050102004004	栽植灌木	1.灌木种类:米兰 2.灌丛高:1.2~1.5 m 3.起挖方式:裸根 4.养护期:一年,二级养护	株	4

序号	项目编码	项目名称	项目特征描述	计量单位	工程量
18	050102004005	栽植灌木	1.灌木种类:凤尾兰 2.灌丛高:0.8~1.0 m 3.起挖方式:裸根 4.养护期:一年,二级养护	株	5
19	050102005001	栽植绿篱	1.绿篱种类:黄金叶 2.篱高:0.4~0.5 m 3.单位面积株数:16株/m² 4.养护期:一年,二级养护	m²	22
20	050102005002	栽植绿篱	1.绿篱种类:毛叶丁香 2.篱高:0.4~0.5 m 3.单位面积株数:16株/m² 4.养护期:一年,二级养护	m²	22
21	050102005003	栽植绿篱	1.绿篱种类:栀子花 2.篱高:0.4~0.5 m 3.单位面积株数:9株/m² 4.养护期:一年,二级养护	m²	22.9
22	050102005004	栽植绿篱	1.绿篱种类:红继木 2.篱高:0.4~0.5 m 3.单位面积株数:16株/m² 4.养护期:一年,二级养护	m²	29.37
23	050102005005	栽植绿篱	1.绿篱种类:红叶石楠 2.篱高:0.4~0.5 m,蓬径:0.2 m 3.单位面积株数:9株/m² 4.养护期:一年,二级养护	m²	33.84
24	050102005006	栽植绿篱	1.绿篱种类:南天竹 2.篱高:0.6~0.8 m,蓬径:0.2 m 3.单位面积株数:9株/m² 4.养护期:一年,二级养护	m²	6.7
25	050102005007	栽植绿篱	1.绿篱种类:双色茉莉 2.篱高:0.4~0.5 m,蓬径:0.2 m 3.单位面积株数:16株/m² 4.养护期:一年,二级养护	m²	14.38
26	050102005008	栽植绿篱	1.绿篱种类:四季桂 2.篱高:0.4~0.5 m,蓬径:0.2 m 3.单位面积株数:16株/m² 4.养护期:一年,二级养护	m²	33.2

续表

序号	项目编码	项目名称	项目特征描述	计量单位	工程量
27	050102005009	栽植绿篱	1. 绿篱种类:杜鹃 2. 篱高:0.1~0.2 m,蓬径:0.2 m 3. 单位面积株数:9 株/m² 4. 养护期:一年,二级养护	m²	24.8
28	050102006001	栽植攀缘植物	1. 植物种类:长春藤 2. 藤长:1.5~2 m 3. 养护期:一年,二级养护	株	8
29	050102008001	栽植花卉	1. 花卉种类:杜鹃 2. 株高:0.3 m,蓬径:0.3 m 3. 单位面积株数:9 株/m² 4. 养护期:一年,二级养护	m²	29.64

(2)绿化工程量清单项与定额项的匹配

根据表4.1知绿化种植的工作内容包括:绿地整理、栽植花木、绿地喷灌;栽植花木的工作内容包括:苗木起挖、苗木运输、苗木栽植、苗木养护。再结合表4.4项目特征的描述要求,在计算本例绿化种植工程的综合单价时,应匹配的定额项见表4.14。

表4.14 绿化工程量清单项与定额项的匹配

清单项			定额项(《××省园林绿化消耗量定额》)	
序号	项目编码	项目名称	定额编号	定额名称
1	050101006001	整理绿化用地	05010001	整理绿化用地
2	050102001001	栽植乔木(垂柳)	05010094	栽植乔木(裸根)胸径16 cm以内
			05010235	树棍护树桩,四脚桩
			05010384	乔木二级养护,胸径20 cm以内
3	050102001002	栽植乔木(银杏)	05010094	栽植乔木(裸根)胸径16 cm以内
			05010235	树棍护树桩,四脚桩
			05010384	乔木二级养护,胸径20 cm以内
4	050102001003	栽植乔木(桂花)	05010091	栽植乔木(裸根)胸径10 cm以内
			05010236	树棍护树桩,三脚桩
			05010383	乔木二级养护,胸径10 cm以内
5	050102001004	栽植乔木(广玉兰)	05010091	栽植乔木(裸根)胸径10 cm以内
			05010236	树棍护树桩,三脚桩
			05010383	乔木二级养护,胸径10 cm以内

清单项			定额项(《××省园林绿化消耗量定额》)	
序号	项目编码	项目名称	定额编号	定额名称
6	050102001005	栽植乔木(龙爪槐)	05010091	栽植乔木(裸根)胸径10 cm以内
			05010236	树棍护树桩,三脚桩
7	050102001006	栽植乔木(天竺桂)	05010091	栽植乔木(裸根)胸径10 cm以内
			05010236	树棍护树桩,三脚桩
			05010383	乔木二级养护,胸径10 cm以内
8	050102001007	栽植乔木(山茶)	05010089	栽植乔木(裸根)胸径6 cm以内
			05010236	树棍护树桩,三脚桩
			05010383	乔木二级养护,胸径10 cm以内
9	050102001008	栽植乔木(紫薇)	05010089	栽植乔木(裸根)胸径6 cm以内
			05010236	树棍护树桩,三脚桩
			05010383	乔木二级养护,胸径10 cm以内
10	050102001009	栽植乔木(腊梅)	05010089	栽植乔木(裸根)胸径6 cm以内
			05010236	树棍护树桩,三脚桩
			05010383	乔木二级养护,胸径10 cm以内
11	050102001010	栽植乔木(石榴)	05010089	栽植乔木(裸根)胸径6 cm以内
			05010236	树棍护树桩,三脚桩
			05010383	乔木二级养护,胸径10 cm以内
12	050102002001	栽植竹类(琴丝竹)	05010148	栽植竹类(丛生竹)根盘丛径80 mm以内
			05010393	灌木二级养护,高度100 cm以内
13	050102003001	栽植棕榈类(棕榈)	05010095	栽植乔木(裸根)胸径18 cm以内
			05010235	树棍护树桩,四脚桩
			05010384	乔木二级养护,胸径20 cm以内
14	050102004001	栽植灌木(红继木球)	05010123	栽植灌木(裸根)冠丛高100 cm以内
			05010393	灌木二级养护,高度100 cm以内
15	050102004002	栽植灌木(小叶女贞球)	05010124	栽植灌木(裸根)冠丛高150 cm以内
			05010394	灌木二级养护,高度200 cm以内
16	050102004003	栽植灌木(黄花槐)	05010125	栽植灌木(裸根)冠丛高200 cm以内
			05010394	灌木二级养护,高度200 cm以内
17	050102004004	栽植灌木(米兰)	05010124	栽植灌木(裸根)冠丛高150 cm以内
			05010394	灌木二级养护,高度200 cm以内

续表

清单项			定额项(《××省园林绿化消耗量定额》)	
序号	项目编码	项目名称	定额编号	定额名称
18	050102004005	栽植灌木(凤尾兰)	05010123	栽植灌木(裸根)冠丛高 100 cm 以内
			05010393	灌木二级养护,高度 100 cm 以内
19	050102005001	栽植绿篱(黄金叶)	05010167	栽植地被植物(片植),种植密度 16 株/m²
20	050102005002	栽植绿篱(毛叶丁香)	05010167	栽植地被植物(片植),种植密度 16 株/m²
21	050102005003	栽植绿篱(栀子花)	05010166	栽植地被植物(片植),种植密度 9 株/m²
22	050102005004	栽植绿篱(红继木)	05010167	栽植地被植物(片植),种植密度 16 株/m²
23	050102005005	栽植绿篱(红叶石楠)	05010166	栽植地被植物(片植),种植密度 9 株/m²
24	050102005006	栽植绿篱(南天竹)	05010166	栽植地被植物(片植),种植密度 9 株/m²
25	050102005007	栽植绿篱(双色茉莉)	05010167	栽植地被植物(片植),种植密度 16 株/m²
26	050102005008	栽植绿篱(四季桂)	05010167	栽植地被植物(片植),种植密度 16 株/m²
27	050102005009	栽植绿篱(杜鹃)	05010166	栽植地被植物(片植),种植密度 9 株/m²
28	050102006001	栽植攀缘植物(长春藤)	05010175	种植藤本植物,藤长 2 m 以内
29	050102008001	栽植花卉(杜鹃)	05010166	栽植地被植物(片植),种植密度 9 株/m²

(3)本题中相关项目的定额工程量与清单工程量计算规则相同。

(4)询价知当地相关未计价材料的价格见表 4.15。

表 4.15　相关未计价材料的价格

项次	材料品名	规格	计量单位	单价/元
1	垂柳	胸径:12~15 cm	株	900
2	银杏	胸径:12~15 cm	株	1 600
3	桂花	胸径:8~10 cm	株	1 400
4	广玉兰	胸径:8~10 cm	株	1 200
5	龙爪槐	胸径:8~10 cm	株	260
6	天竺桂	胸径:10 cm	株	980
7	山茶	胸径:5~6 cm	株	1 150
8	紫薇	胸径:3~5 cm	株	550
9	腊梅	胸径:3~5 cm	丛	350

项次	材料品名	规格	计量单位	单价/元
10	石榴	胸径:5~6 cm	株	200
11	琴丝竹	根盘丛径:0.8 m	丛	40
12	棕榈	蓬径:3.0~3.5 m	株	700
13	红继木球	灌丛高:0.8~1.0 m,蓬径:0.8~1 m	株	80
14	小叶女贞球	灌丛高:1~1.2 m,蓬径:0.8~1 m	株	60
15	黄花槐	灌丛高:1.5~2.0 m	株	100
16	米兰	灌丛高:1.2~1.5 m	株	120
17	凤尾兰	灌丛高:0.8~1.0 m	株	6
18	黄金叶	篱高:0.4~0.5 m	株	1.2
19	毛叶丁香	篱高:0.4~0.5 m	株	6
20	栀子花	篱高:0.4~0.5 m	株	2
21	红继木	篱高:0.4~0.5 m	株	0.6
22	红叶石楠	篱高:0.4~0.5 m,蓬径:0.2 m	株	0.7
23	南天竹	篱高:0.6~0.8 m,蓬径:0.2 m	株	1.5
24	双色茉莉	篱高:0.4~0.5 m,蓬径:0.2 m	株	1
25	四季桂	篱高:0.4~0.5 m,蓬径:0.2 m	株	0.8
26	杜鹃	篱高:0.1~0.2 m,蓬径:0.2 m	株	1.2
27	长春藤	藤长:1.5~2 m	株	0.8
28	杜鹃	株高:0.3 m,蓬径:0.3 m	株	1.8
29	可调喷头		套	150
30	肥料(复合肥)		kg	3.7
31	基肥		kg	3
32	有机肥(土堆肥)		kg	4

(5)绿化分项工程综合单价计算见表4.16。

表 4.16　综合单价分析表

清单综合单价组成明细

序号	项目编码	项目名称	计量单位	工程量	定额编号	定额名称	定额单位	数量	单价/元			合价/元				综合单价
									人工费	材料费	机械费	人工费	材料费	机械费	管理费和利润	
1	050101006001	整理绿化用地	m²	2 244	05010001	整理绿化用地	10 m²	0.1	28.75			2.88			3.31	6.18
2	050102001001	栽植乔木（垂柳）	株	16	05010094	栽植乔木（裸根）胸径 16 cm 以内	株	1	62.6	915.18	11.45	62.60	915.18	11.45	63.95	1 157.69
					05010235	树棍护树桩，四脚桩	株	1	5.11	25.36		5.11	25.36		5.54	
					05010384	乔木二级养护，胸径 20 cm 以内	株/年	1	30.22	4.46	2.94	30.22	4.46	2.94	30.89	
						小计						97.93	945.00	14.39	100.37	
3	050102001002	栽植乔木（银杏）	株	4	05010094	栽植乔木（裸根）胸径 16 cm 以内	株	1	62.6	1 625.7	11.45	62.60	1 625.68	11.45	63.95	1 868.19
					05010235	树棍护树桩，四脚桩	株	1	5.11	25.36		5.11	25.36		5.54	
					05010384	乔木二级养护，胸径 20 cm 以内	株/年	1	30.22	4.46	2.94	30.22	4.46	2.94	30.89	
						小计						97.93	1 655.50	14.39	100.37	
4	050102001003	栽植乔木（桂花）	株	4	05010091	栽植乔木（裸根）胸径 10 cm 以内	株	1	24.27	1 421.6		24.27	1 421.56		24.70	1 534.56
					05010236	树棍护树桩，三脚桩	株	1	3.83	19.16		3.83	19.16		4.26	
					05010383	乔木二级养护，胸径 10 cm 以内	株/年	1	15.01	3.15	2.94	15.01	3.15	2.94	15.68	
						小计						43.11	1 443.87	2.94	44.64	

序号	项目编码	项目名称	计量单位	工程量	定额编号	子目名称	单位	数量	单价	合价	机械费	单价	合价	机械费	综合单价	合计
5	050102001004	栽植乔木（广玉兰）	株	8	05010091	栽植乔木（裸根）胸径10 cm以内	株	1	24.27	1 218.6		24.27	1 218.56		24.70	1 331.56
					05010236	树棍护树桩，三脚桩	株	1	3.83	19.16		3.83	19.16		4.26	
					05010383	乔木二级养护，胸径10 cm以内	株/年	1	15.01	3.15	2.94	15.01	3.15	2.94	15.68	
						小计						43.11	1 240.87	2.94	44.64	
6	050102001005	栽植乔木（龙爪槐）	株	19	05010091	栽植乔木（裸根）胸径10 cm以内	株	1	62.6	265.58		62.60	265.58		63.03	455.24
					05010236	树棍护树桩，三脚桩	株	1	3.83	19.16		3.83	19.16		4.26	
					05010383	乔木二级养护，胸径10 cm以内	株/年	1	15.01	3.15	2.94	15.01	3.15	2.94	15.68	
						小计						81.44	287.89	2.94	82.97	
7	050102001006	栽植乔木（天竺桂）	株	5	05010091	栽植乔木（裸根）胸径10 cm以内	株	1	62.6	996.38		62.60	996.38		63.03	1 186.04
					05010236	树棍护树桩，三脚桩	株	1	3.83	19.16		3.83	19.16		4.26	
					05010383	乔木二级养护，胸径10 cm以内	株/年	1	15.01	3.15	2.94	15.01	3.15	2.94	15.68	
						小计						81.44	1 018.69	2.94	82.97	

续表

清单综合单价组成明细

序号	项目编码	项目名称	计量单位	工程量	定额编号	定额名称	定额单位	数量	单价/元 人工费	单价/元 材料费	单价/元 机械费	合价/元 人工费	合价/元 材料费	合价/元 机械费	管理费和利润	综合单价
8	050102001007	栽植乔木（山茶）	株	7	05010089	栽植乔木（裸根）胸径6 cm以内	株	1	9.58	1 167.5		9.58	1 167.53		10.01	1 251.15
					05010236	树棍护树桩，三脚桩	株	1	3.83	19.16		3.83	19.16		4.26	
					05010383	乔木二级养护，胸径10 cm以内	株/年	1	15.01	3.15	2.94	15.01	3.15	2.94	15.68	
						小计			28.42			28.42	1 189.84	2.94	29.95	
9	050102001008	栽植乔木（紫薇）	株	8	05010089	栽植乔木（裸根）胸径6 cm以内	株	1	9.58	558.53		9.58	558.53		10.01	642.15
					05010236	树棍护树桩，三脚桩	株	1	3.83	19.16		3.83	19.16		4.26	
					05010383	乔木二级养护，胸径10 cm以内	株/年	1	15.01	3.15	2.94	15.01	3.15	2.94	15.68	
						小计			28.42			28.42	580.84	2.94	29.95	
10	050102001009	栽植乔木（腊梅）	丛	4	05010089	栽植乔木（裸根）胸径6 cm以内	株	1	9.58	355.53		9.58	355.53		10.01	439.15
					05010236	树棍护树桩，三脚桩	株	1	3.83	19.16		3.83	19.16		4.26	
					05010383	乔木二级养护，胸径10 cm以内	株/年	1	15.01	3.15	2.94	15.01	3.15	2.94	15.68	
						小计			28.42			28.42	377.84	2.94	29.95	

序号	项目编码	项目名称	计量单位	工程量	定额编号	定额项目名称	单位	数量	单价 人工费	单价 材料费	单价 机械费	合价 人工费	合价 材料费	合价 机械费	综合单价	合计
11	050102 001010	栽植乔木 (石榴)	株	3	05010089	栽植乔木(裸根)胸径6 cm 以内	株	1	9.58	203.28		9.58	203.28		10.01	286.90
					05010236	树棍护树桩,三脚桩	株	1	3.83	19.16	2.94	3.83	19.16	2.94	4.26	
					05010383	乔木二级养护,胸径10 cm 以内	株/年	1	15.01	3.15		15.01	3.15		15.68	
					小计							28.42	225.59	2.94	29.95	
12	050102 002001	栽植竹类 (篾丝竹)	丛	12	05010148	栽植竹类(丛生竹)根盘丛径80 mm 以内	丛	1	54.3	42.16	13.77	54.30	42.16	13.77	55.83	173.12
					05010393	灌木二级养护,高度100 cm 以内	株/年	1	1.53	1.45	1.96	1.53	1.45	1.96	2.12	
					小计							55.83	43.61	15.73	57.95	
13	050102 003001	栽植棕榈类 (棕榈)	株	7	05010095	栽植乔木(裸根)胸径18 cm 以内	株	1	102.85	712.74	16.7	102.85	712.74	16.70	104.62	1 041.42
					05010235	树棍护树桩,四脚桩	株	1	5.11	25.36		5.11	25.36		5.54	
					05010384	乔木二级养护,胸径20 cm 以内	株/年	1	30.22	4.46	2.94	30.22	4.46	2.94	30.89	
					小计							138.18	742.56	19.64	141.04	

续表

清单综合单价组成明细

序号	项目编码	项目名称	计量单位	工程量	定额编号	定额名称	定额单位	数量	单价/元			合价/元				综合单价
									人工费	材料费	机械费	人工费	材料费	机械费	管理费和利润	
14	050102004001	栽植灌木（红继木球）	株	4	05010123	栽植灌木（裸根）冠丛高100cm以内	株	1	4.85	84.19		4.85	84.19		5.28	101.38
					05010393	灌木二级养护，高度100cm以内	株/年	1	1.53	1.45	1.96	1.53	1.45	1.96	2.12	
						小计						6.38	85.64	1.96	7.40	
15	050102004002	栽植灌木（小叶女贞球）	株	15	05010124	栽植灌木（裸根）冠丛高150cm以内	株	1	6.39	63.29		6.39	63.29		6.82	92.39
					05010394	灌木二级养护，高度200cm以内	株/年	1	5.49	1.83	2.45	5.49	1.83	2.45	6.12	
						小计						11.88	65.12	2.45	12.94	
16	050102004003	栽植灌木（黄花槐）	株	3	05010125	栽植灌木（裸根）冠丛高200cm以内	株	1	10.22	104.63		10.22	104.63		10.65	141.39
					05010394	灌木二级养护，高度200cm以内	株/年	1	5.49	1.83	2.45	5.49	1.83	2.45	6.12	
						小计						15.71	106.46	2.45	16.77	
17	050102004004	栽植灌木（米兰）	株	4	05010124	栽植灌木（裸根）冠丛高150cm以内	株	1	6.39	124.19		6.39	124.19		6.82	153.29
					05010394	灌木二级养护，高度200cm以内	株/年	1	5.49	1.83	2.45	5.49	1.83	2.45	6.12	
						小计						11.88	126.02	2.45	12.94	

序号	项目编码	项目名称	计量单位	工程量	定额编号	定额项目名称	定额单位	数量	单价			合价			管理费和利润	综合单价
									人工费	材料费	机械费	人工费	材料费	机械费		
18	050102004005	栽植灌木（凤尾兰）	株	5	05010123	栽植灌木（裸根）冠丛高 100 cm 以内	株	1	4.85	9.08	1.96	4.85	9.08	1.96	5.28	
					05010393	灌木二级养护，高度 100 cm 以内	株/年	1	1.53	1.45		1.53	1.45		2.12	
						小计						6.38	10.53	1.96	7.40	26.27
19	050102005001	栽植绿篱（黄金叶）	m²	22	05010167	栽植地被植物（片植），种植密度 16 株/m²	m²	1	9.97	19.734		9.97	19.73		10.40	40.10
20	050102005002	栽植绿篱（毛叶丁香）	m²	22	05010167	栽植地被植物（片植），种植密度 16 株/m²	m²	1	9.97	98.07		9.97	98.07		10.40	118.44
21	050102005003	栽植绿篱（栀子花）	m²	22.9	05010166	栽植地被植物（片植），种植密度 9 株/m²	m²	1	7.67	18.5		7.67	18.50		8.10	34.27
22	050102005004	栽植绿篱（红继木）	m²	29.37	05010167	栽植地被植物（片植），种植密度 16 株/m²	m²	1	9.97	9.942		9.97	9.94		10.40	30.31
23	050102005005	栽植绿篱（红叶石楠）	m²	33.84	05010166	栽植地被植物（片植），种植密度 9 株/m²	m²	1	7.67	6.566		7.67	6.57		8.10	22.34

续表

清单综合单价组成明细

序号	项目编码	项目名称	计量单位	工程量	定额编号	定额名称	定额单位	数量	单价/元			合价/元			管理费和利润	综合单价
									人工费	材料费	机械费	人工费	材料费	机械费		
24	050102005006	栽植绿篱（南天竹）	m²	6.7	05010166	栽植地被植物（片植），种植密度9株/m²	m²	1	7.67	13.91		7.67	13.91		8.10	29.68
25	050102005007	栽植绿篱（双色茉莉）	m²	14.38	05010167	栽植地被植物（片植），种植密度16株/m²	m²	1	9.97	16.47		9.97	16.47		10.40	36.84
26	050102005008	栽植绿篱（四季桂）	m²	33.2	05010167	栽植地被植物（片植），种植密度16株/m²	m²	1	9.97	13.206		9.97	13.21		10.40	33.58
27	050102005009	栽植绿篱（杜鹃）	m²	24.8	05010166	栽植地被植物（片植），种植密度9株/m²	m²	1	7.67	11.156		7.67	11.16		8.10	26.93
28	050102006001	栽植攀缘植物（长春藤）	株	8	05010175	种植藤本植物，藤长2m以内	10株	0.1	23.7	8.96		1.19	0.45		1.62	3.25
29	050102008001	栽植花卉（杜鹃）	m²	29.64	05010166	栽植地被植物（片植），种植密度9株/m²	m²	1	7.67	16.664		7.67	16.66		8.10	32.43

（6）绿化项目分部分项工程费计算见表4.17。

表4.17　分部分项工程清单与计价表

序号	项目编码	项目名称	计量单位	工程量	金额				
					综合单价	合价	其中		
							人工费	机械费	暂估价
1	050101006001	整理绿化用地	m^2	2 244	6.18	13 867.92	6 451.50		
2	050102001001	栽植乔木（垂柳）	株	16	1 157.69	18 523.06	1 566.88	230.24	
3	050102001002	栽植乔木（银杏）	株	4	1 868.19	7 472.76	391.72	57.56	
4	050102001003	栽植乔木（桂花）	株	4	1 534.56	6 138.22	172.44	11.76	
5	050102001004	栽植乔木（广玉兰）	株	8	1 331.56	10 652.44	344.88	23.52	
6	050102001005	栽植乔木（龙爪槐）	株	19	455.24	8 649.47	1 547.36	55.86	
7	050102001006	栽植乔木（天竺桂）	株	5	1 186.04	5 930.18	407.2	14.7	
8	050102001007	栽植乔木（山茶）	株	7	1 251.15	8 758.02	198.94	20.58	
9	050102001008	栽植乔木（紫薇）	株	8	642.15	5 137.16	227.36	23.52	
10	050102001009	栽植乔木（腊梅）	丛	4	439.15	1 756.58	113.68	11.76	
11	050102001010	栽植乔木（石榴）	株	3	286.90	860.69	85.26	8.82	
12	050102002001	栽植竹类（琴丝竹）	丛	12	173.12	2 077.42	669.96	188.76	
13	050102003001	栽植棕榈类（棕榈）	株	7	1 041.42	7 289.95	967.26	137.48	
14	050102004001	栽植灌木（红继木球）	株	4	101.38	405.51	25.52	7.84	
15	050102004002	栽植灌木（小叶女贞球）	株	15	92.39	1 385.79	178.2	36.75	
16	050102004003	栽植灌木（黄花槐）	株	3	141.39	424.16	47.13	7.35	

续表

序号	项目编码	项目名称	计量单位	工程量	金额				
					综合单价	合价	其中		
							人工费	机械费	暂估价
17	050102004004	栽植灌木（米兰）	株	4	153.29	613.14	47.52	9.8	
18	050102004005	栽植灌木（凤尾兰）	株	5	26.27	131.33	31.9	9.8	
19	050102005001	栽植绿篱（黄金叶）	m²	22	40.10	882.29	219.34		
20	050102005002	栽植绿篱（毛叶丁香）	m²	22	118.44	2 605.68	219.34		
21	050102005003	栽植绿篱（栀子花）	m²	22.9	34.27	784.78	175.64		
22	050102005004	栽植绿篱（红继木）	m²	29.37	30.31	890.26	292.82		
23	050102005005	栽植绿篱（红叶石楠）	m²	33.84	22.34	755.85	259.55		
24	050102005006	栽植绿篱（南天竹）	m²	6.7	29.68	198.86	51.39		
25	050102005007	栽植绿篱（双色茉莉）	m²	14.38	36.84	529.76	143.37		
26	050102005008	栽植绿篱（四季桂）	m²	33.2	33.58	1 114.72	331.00		
27	050102005009	栽植绿篱（杜鹃）	m²	24.8	26.93	667.76	190.22		
28	050102006001	栽植攀缘植物（长春藤）	株	8	3.25	25.98	9.48		
29	050102008001	栽植花卉（杜鹃）	m²	29.64	32.43	961.34	227.34		
合计						10 585.93	2 246.04	26.95	

思考与练习

1. 某广场园林绿化如图 4.5 所示，试计算绿化工程量、编制工程量清单并计算综合单价。

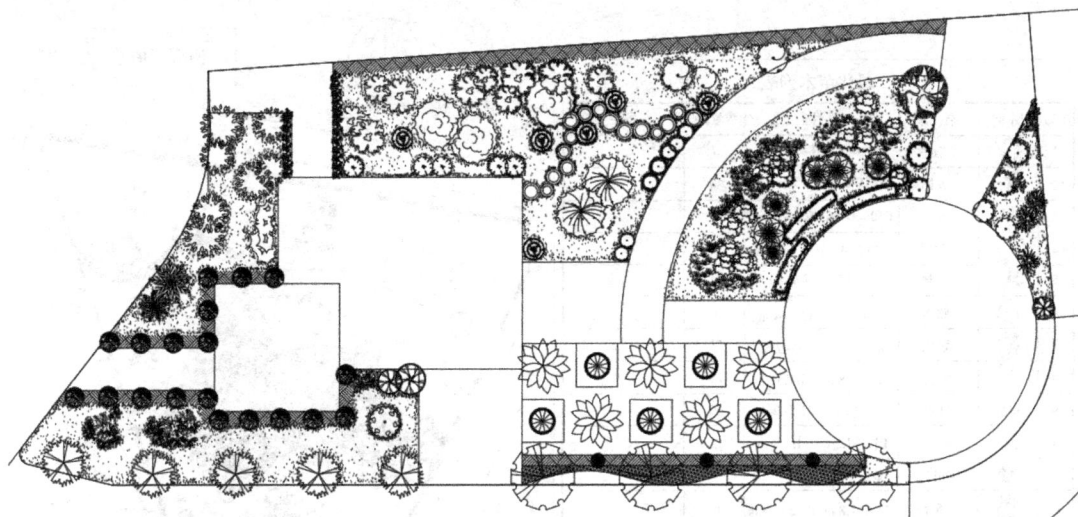

序号	图例	植物名称	规格			单位	数量	备注	序号	图例	植物名称	植物名称			单位	数量	备注
			株高(m)	冠幅(cm)	胸径(cm)							株高(m)	冠幅(cm)	胸径(cm)			
1		银杏	8~9			株	4	全冠幅	18		龙爪槐	1.2				株	3	
2		垂柳	3			株	2	全冠幅	19		悬铃花		150~175		株	5	
3		女贞	6		8~10	株	8	全冠幅	20		南天竹		100~120		丛	3	
4		鱼尾葵	7	12~13		株	5	全冠幅	21		米兰	0.9~1			丛	1	
5		羊蹄甲	3		8~9	株	1	全冠幅	22		八角金盘		120~150		丛	4	
6		广玉兰	5~6		15~17	株	3	全冠幅	23		龟背竹	0.8			m²	5.582	30株/m²
7		桃花	2.5~2.7		10~12	株	6	全冠幅	24		鸳鸯茉莉		120~150		丛	1	
8		白兰花	4~5		12~15	株	3	全冠幅	25		九里香		700~800		丛	7	
9		蓝花楹	5		13~15	株	1	全冠幅	26		栀子		100~120		丛	8	
10		紫薇	1.6~1.7	6~7		株	19		27		毛叶丁香球	1.2	600~800		丛	6	
11		二乔玉兰	2.5			株	2		28		蕙兰	0.15			m²	12.017	30株/m²
12		木槿	2~2.5			株	10		29		杜鹃	0.4			m²	2.783	30株/m²
13		腊梅	2.5	100~125		株	7		30		瓜子黄杨	0.6			m²	17.140	30株/m²
14		苏铁	1.3	100~110		株	2		31		六月雪	0.6			m²	15.795	30株/m²
15		合欢	2.5			株	2		32		结缕草				m²	231.061	30株/m²
16		山茶	1.2~1.4	90~110		丛	14		33		麦冬				m²	134.866	30株/m²
17		红枫	1.5~1.6	120~150		丛	3		34		月季				m²	10.780	30株/m²

图4.5 某广场景观设计植物配置图

工程做法及其他说明：

（1）所有苗木移植严格按带土球设计要求起苗,栽植胸径在120 mm 以上的乔木应设四脚桩支撑固定,栽植胸径在120 mm 以下的乔木应设三脚桩支撑固定。

（2）本工程按二类土计算,绿化面积按385 m² 计算,属于暖地形。

（3）苗木按一级养护计算。

（4）苗木价格按照某省三季度市场信息价计算。

（5）本工程园林工程量计算规则参考《××省园林绿化消耗量定额》,计价规则参考《××省建设工程造价计价规则》。

（6）图样不详处,按常规做法处理。

2.某小广场园林绿化如图4.6所示,试计算绿化工程量、编制工程量清单并计算综合单价。

序号	图例	名 称	规 格	数量(株)	备注
			绿化苗木列表		
1		广玉兰	H3~4 m φ8~10 cm	7	
2		香樟	φ10 cm H3.5 m	34	
3		丝兰	P50~60 cm H60~70 cm	8	
4		金桂	H3.5~4.0 m P3.5~4 m	12	
5		棕榈	H1.5~2.5 m φ8~10 cm	23	
6		银杏	φ8~10 cm H3.5~4 m	7	
7		紫薇	φ2~3 cm H1.5~2 m	11	
8		紫荆	P1.5~1.8 cm H1.5~2 m	14	
9		红枫	D2~3 cm H1.5~2 m	22	
10		腊梅	P1.2~1.5 cm H1.8 m	7	
11		紫叶李	φ2~3 cm H1.5~2 m	5	
12		四季桂	H1.5~1.8 m P1.2~1.5 m	6	
13		木槿	H1.5~1.8 m P1.2~1.5 m	6	
14		毛鹃	P40~50 cm H40~50 cm	300 m²	16株/m²
15		金叶女贞	P30~40 cm H40~50 cm	60 m²	49株/m²
16		红花继木	P30~40 cm H40~50 cm	20 m²	36株/m²
17		大叶黄杨	P40~50 cm H50~60 cm	240 m²	16株/m²
18		高羊茅	实方	5 600 m²	

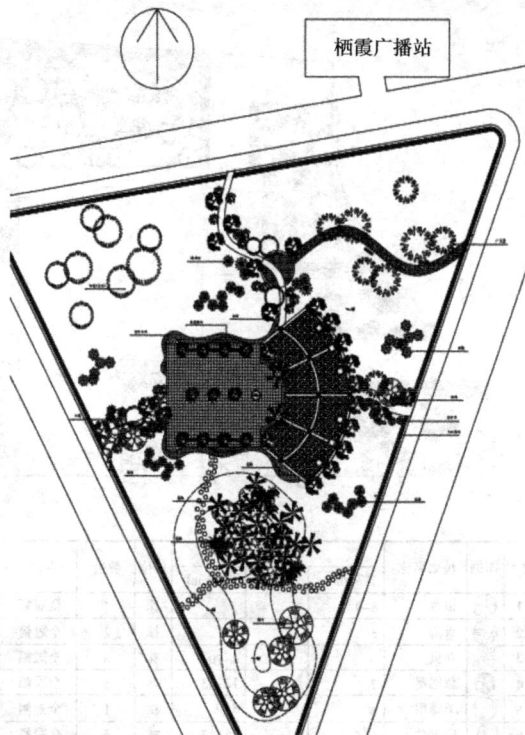

栖霞广播站

图 4.6 某小广场景观设计植物配置图

工程做法及其他说明:

(1)所有苗木移植严格按裸根设计要求起苗,栽植胸径在 120 mm 以上的乔木应设四脚桩支撑固定,栽植胸径在 120 mm 以下的乔木应设三脚桩支撑固定。

(2)本工程按一类土计算,绿化面积按 5 600 m² 计算,属于暖地形。

(3)苗木按二级养护计算。

(4)苗木价格按照某省三季度市场信息价计算。

(5)本工程园林工程量计算规则参考《××省园林绿化消耗量定额》,计价规则参考《××省建设工程造价计价规则》。

(6)图样不详处,按常规做法处理。

第 **5** 章
园路及园桥工程

教学要求:

- 熟悉园路及园桥工程项目清单分项的划分标准。
- 掌握园路及园桥工程项目的工程量计算规则。
- 掌握园路及园桥工程项目的综合单价分析计算方法。

本章主要讨论园路及园桥工程、驳岸护岸工程的列项、计量与计价问题。

5.1 清单项目划分

《清单计量规范》将园路及园桥工程划分为园路、园桥工程,驳岸、护岸等项目。

(1)具体分项见表 5.1 ~ 5.2。

表 5.1 园路及园桥工程(编码:050201)

项目编码	项目名称	项目特征	计量单位	工程量计算规则	工程内容
050201001	园　路	1.路床土石类别 2.垫层厚度、宽度、材料种类 3.路面厚度、宽度、材料种类 4.砂浆强度等级	m^2	按设计图示尺寸以面积计算,不包括路牙	1.路基、路床整理 2.垫层铺筑 3.路面铺筑 4.路面养护
050201002	踏(蹬)道			按设计图示尺寸以水平投影面积计算,不包括路牙	
050201003	路牙铺设	1.垫层厚度、材料种类 2.路牙材料种类、规格 3.砂浆强度等级	m	按设计图示尺寸以长度计算	1.基层清理 2.垫层铺设 3.路牙铺设

续表

项目编码	项目名称	项目特征	计量单位	工程量计算规则	工程内容
050201004	树池围牙、盖板（箅子）	1.围牙材料种类、规格 2.铺设方式 3.盖板材料种类、规格	1.m 2.套	1.以m计量，按设计图示尺寸以长度计算 2.以套计量，按设计图示数量计算	1.基层清理 2.围牙、盖板运输 3.围牙、盖板铺设
050201005	嵌草砖铺装	1.垫层厚度 2.铺设方式 3.嵌草砖品种、规格、颜色 4.漏空部分填土要求	m^2	按设计图示尺寸以面积计算	1.原土夯实 2.垫层铺设 3.铺砖 4.填土
050201006	桥基础	1.基础类型 2.垫层及基础材料种类、规格 3.砂浆强度等级			1.垫层铺设 2.基础砌筑 3.砌石
050201007	石桥墩、石桥台	1.石料种类、规格 2.勾缝要求 3.砂浆强度等级、配合比	m^3	按设计图示尺寸以体积计算	1.石料加工 2.起重架搭、拆 3.墩、台、拱石、石脸砌筑 4.勾缝
050201008	拱石制作、安装				
050201009	石脸制作、安装	1.石料种类、规格 2.石脸雕刻要求 3.勾缝要求 4.砂浆强度等级、配合比	m^2	按设计图示尺寸以面积计算	
050201010	金刚墙砌筑		m^3	按设计图示尺寸以体积计算	1.石料加工 2.起重架搭、拆 3.砌石 4.填土夯实
050201011	石桥面铺筑	1.石料种类、规格 2.找平层厚度、材料种类 3.勾缝要求 4.混凝土强度等级 5.砂浆强度等级	m^2	按设计图示尺寸以面积计算	1.石料加工 2.抹找平层 3.起重架搭、拆 4.桥面、桥面踏步铺设 5.勾缝
050201012	石桥面檐板	1.石料种类、规格 2.勾缝要求 3.砂浆强度等级、配合比			1.石材加工 2.檐板铺设 3.铁锔、银锭安装 4.勾缝
050201013	石汀步（步石、飞石）	1.石料种类、规格 2.砂浆强度等级、配合比	m^3	按设计图示尺寸以体积计算	1.基层清理 2.石料加工 3.砂浆调运 4.砌石

续表

项目编码	项目名称	项目特征	计量单位	工程量计算规则	工程内容
050201014	木制步桥	1. 桥宽度 2. 桥长度 3. 木材种类 4. 各部位截面长度 5. 防护材料种类	m²	按设计图示尺寸以桥面板长度乘桥面板宽度以面积计算	1. 木桩加工 2. 打木桩基础 3. 木梁、木桥板、木桥栏杆、木扶手制作、安装 4. 连接铁件、螺栓安装 5. 刷防护材料
050201015	栈道	1. 栈道宽度 2. 支架材料种类 3. 面层木材种类 4. 防护材料种类			1. 凿洞 2. 安装支架 3. 铺设面板 4. 刷防护材料

表5.2 驳岸、护岸（编码:050202）

项目编码	项目名称	项目特征	计量单位	工程量计算规则	工程内容
050202001	石(卵石)砌驳岸	1. 石料种类规格 2. 驳岸截面长度 3. 勾缝要求 4. 砂浆强度等级、配合比	1. m³ 2. t	1. 以 m³ 计量，按设计图示尺寸以体积计算 2. 以 t 计量，按质量计算	1. 石料加工 2. 砌石 3. 勾缝
050202002	原木桩驳岸	1. 木材种类 2. 桩直径 3. 桩单根长度 4. 防护材料种类	1. m 2. 根	1. 以 m 计量，按设计图示桩长(包括桩尖)计算 2. 以根计量，按设计图示数量计算	1. 木桩加工 2. 打木桩 3. 刷防护材料
050202003	满(散)铺砂卵石护岸(自然护岸)	1. 平均护岸宽度 2. 粗、细砂比例 3. 卵石粒径 4. 大卵石粒径、数量	1. m² 2. t	1. 以 m² 计量，按设计图示平均护岸宽度乘护岸长度以面积计算 2. 以 t 计量，按卵石使用重量计算	1. 修边坡 2. 铺卵石、点布大卵石
050202004	框格花木护坡	1. 平均护岸宽度 2. 护坡材质 3. 框格种类与规格	m²	按设计图示平均护岸宽度乘护岸长度以面积计算	1. 修边坡 2. 安放框格

（2）清单列项的相关说明

①园路、园桥工程的挖土方、开凿石方、回填土应按市政工程计量规范相关项目编码列项。

②如遇某些构配件使用钢筋混凝土或金属构件时,应按房屋建筑与装饰工程计量规范或市政工程计量规范相关项目编码列项。

③地伏石、石望柱、石栏杆、石栏板、扶手、撑鼓等应按仿古建筑工程计量规范相关项目编码列项。

④亲水(小)码头各分部分项项目按照园桥相应项目编码列项。

⑤台阶项目按房屋建筑与装饰工程计量规范相关项目编码列项。

⑥混合类构件园桥按房屋建筑与装饰工程计量规范或通用安装工程计量规范相关项目编码列项。

⑦驳岸工程的挖土方、开凿石方、回填土等应按房屋建筑与装饰工程计量规范附录 A 相关项目编码列项。

⑧木桩钎(梅花桩)按原木桩驳岸项目单独编码列项。

⑨钢筋混凝土仿木桩驳岸,其钢筋混凝土及表面装饰按房屋建筑与装饰工程计量规范相关项目编码列项,若表面"塑松皮"按园林绿化工程计量规范附录 C 园林景观工程相关项目编码列项。

⑩框格花木护坡的铺草皮、撒草籽等项目按园林绿化工程计量规范附录 A 绿化工程相关项目编码列项。

5.2 定额项目划分

定额将园路及园桥工程按工程部位划分为园路、园桥两个部分。各部分又按使用的材料品种划分子项,其分类见表5.3。

表 5.3 定额项目分类表

大节	小节	定额子目	包括的工作内容
园路	整理路床	整理园路土基路床	厚度在 30 cm 以内挖土、填土、找平、夯料、整修、弃土 2 m 以外
	基础垫层	砂	筛土、浇水、拌和、铺设、找平、震实、养护
		3:7灰土	
		2:8灰土	
		煤渣	
		碎石	
		混凝土	
	园路面层	满铺卵石面	放线、修平垫层、调浆、铺面层、嵌缝、清扫
		素色卵石面	
		纹形混凝土路面	
		水刷纹混凝土路面	
		水刷纹混凝土路面每增减 1 cm	
		预制方格混凝土	

大节	小节	定额子目	包括的工作内容
园路	预制混凝土园路面层	预制混凝土(厚 5 cm)	放线、修平垫层、调浆、铺面层、嵌缝、清扫
		预制混凝土(厚 10 cm)	
		假冰片(厚 5 cm)	
	干砂铺贴园路面层	方整石板	放线、修平垫层、调浆、铺面层、嵌缝、清扫
		乱铺冰片石	
		八五砖侧铺	
		八五砖平铺	
	园路面层	瓦片	放线、修平垫层、调浆、铺面层、嵌缝、清扫
		碎缸片	
		弹石片	
	干砂铺贴园路面层	小方碎石	放线、修平垫层、调浆、铺面层、嵌缝、清扫
		六角板	
	砂浆结合层园路面层	青石板(厚 50 mm 以内)	放线、清理底层、面砖选砖归类、现场排样、锯边修边、砂浆拌合、铺面层、嵌缝、清理净面、现场清理
		花岗岩(厚 30 mm 以内)	
		花岗岩(厚 50 mm 以内)	
		花岗岩小料石 100×100 mm	
		碎花岗岩	
	砂浆结合层园路面层	花岗岩拼碎(厚 30 mm 以内)	放线、清理底层、面砖选砖归类、现场排样、锯边修边、砂浆拌合、铺面层、嵌缝、清理净面、现场清理
		花岗岩拼碎(厚 50 mm 以内)	
		广场砖铺装素拼	
		广场砖铺装拼图案	
		砖平铺地面	
		砖侧铺地面	
		预制混凝土彩色步砖	
	园路面层	塑料植草格	放线、清理底层、面砖选砖归类、现场排样、锯边修边、砂浆拌合、铺面层、嵌缝、清理净面、现场清理、养护
		嵌草砖铺装	
		水洗石(洗米石)路面(厚 30 mm)	放线、清理底层、浆料拌合、铺面层、拍平、刷面、现场清理、养护
	砂浆结合层园路面层	汀步石	放线、清理底层、面砖选砖归类、现场排样、锯边修边、砂浆拌合、铺面层、嵌缝、清理净面、现场清理、养护
		卵石园路卵石走边	
		石材走边	

续表

大节	小节	定额子目	包括的工作内容
园路	路牙	混凝土路缘石安砌	放线、清理底层、砂浆拌合、砌路牙、勾缝、现场清理、养护
		花岗岩路缘石安砌	
		R 型彩色路缘石安砌	
		花岗岩树穴石铺砌	
		杉树路缘桩(直径 10 ~ 20 cm)	木桩加工成型、打桩校正、锯桩头、现场清理
		鹅卵石路缘(自然摆放)	放线、清理底层、砂浆拌合、砂浆找平层、摆放鹅卵石、现场清理、养护
	机砖路牙	顺 栽	放线、清理底层、砂浆拌合、砌路牙、勾缝、现场清理、养护
		立栽(1/4 砖)	
		立栽(1/2 砖)	
园桥	基础、桥台、桥墩	毛石基础	送、修、运石,调、运、铺砂浆,安装桥面
		毛石桥台	
		条石桥台	
		条石桥墩	
	护坡、桥面	毛石护坡	送、修、运石,调、运、铺砂浆,砌石,安装桥面
		条石护坡	
		石桥面	
护岸	护岸	自然式护岸	放线、选石、运石,调制砂浆,堆砌,搭、拆简易脚手架。塞垫嵌缝,清理、养护
		卵石自然式溪流驳岸	
		镶嵌卵石护岸	放线、调制砂浆、抹水泥砂浆底层、铺面层、嵌缝,清理

5.3　工程量计算规则

1. 清单规则

清单计量规则详见表 5.1 ~ 5.2 中的相关规定。

2. 定额规则

①各种园路垫层按设计图示尺寸,两边各放宽 5 cm 乘厚度以 m³ 计算。

②各种园路面层按设计图示尺寸,长 × 宽以 m² 计算。

③园桥中毛石基础、桥台、桥墩、护坡按设计图示尺寸以 m³ 计算;石桥面以 m² 计算。

④路牙按设计图示尺寸长度以延长米计算。

5.4　计价的相关规定

①园路包括垫层、面层。如遇缺项可借用其他专业工程的相应定额子目时,人工乘以系数 1.10,块料面层中包括的砂浆结合层或铺筑用砂的数量不得调整。

②如用路面同样材料铺的路缘和路牙,其工料、机械台班费包括在定额内,如用其他材料或预制块铺的,按相应定额另行计算。园路面层按不同材料分类如图 5.1 所示。

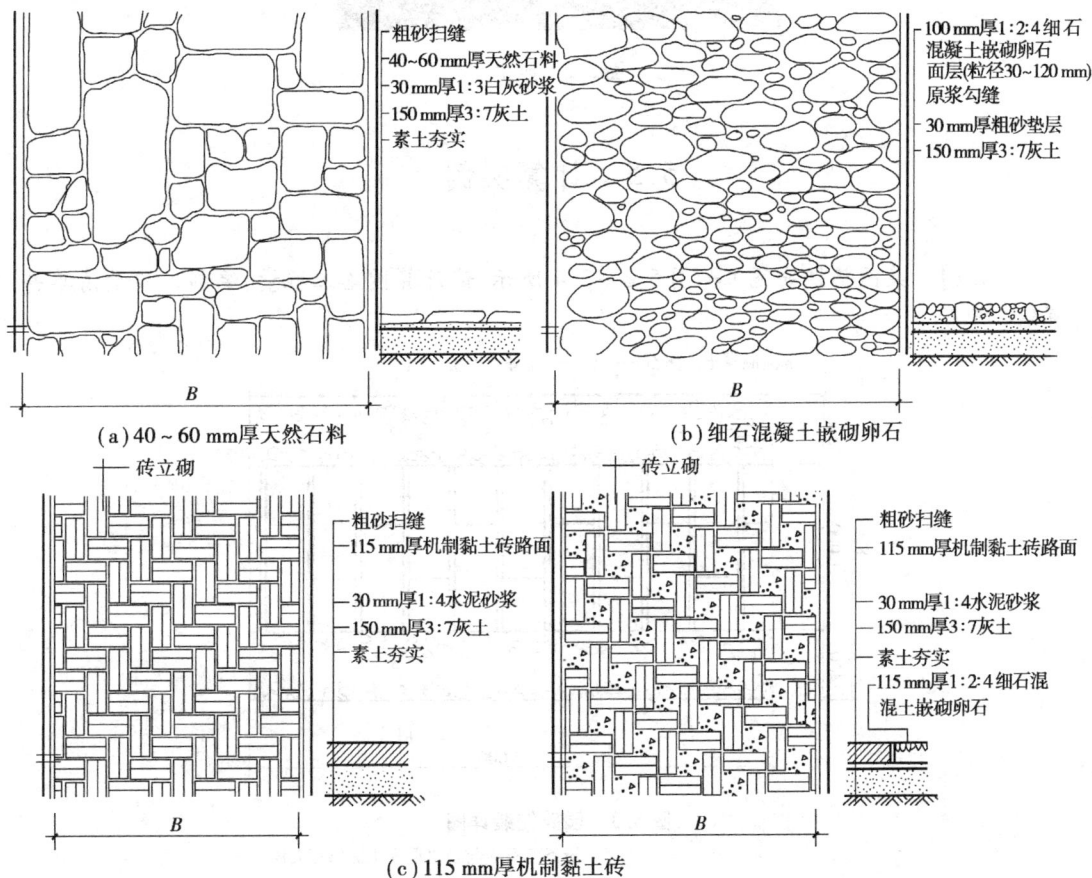

（a）40 ~ 60 mm 厚天然石料

（b）细石混凝土嵌砌卵石

（c）115 mm 厚机制黏土砖

图 5.1　园路按不同材料分类图示

③园桥包括:基础、桥台、桥墩、护坡、石桥面等项目。遇缺项可借用其他专业工程的相应定额子目时,人工乘以系数 1.25,其他不变。园桥如图 5.2 所示。

④定额按现场搅拌编制,如使用商品混凝土时,按相应定额子目扣除人工 3.09 工日/10 m³及搅拌机台班含量。

⑤砖平铺地面、砖侧铺地面适用于标准砖 240×115×53(mm)(含免烧砖、青砖、耐火砖)砖铺贴。

⑥园路面层卵石面:卵石粒径以 40 ~ 60 mm 计算,如规格不同时,可进行换算,其他不变。

⑦园路面层石材铺贴:定额是以厚度 5 cm 为准编制的,石材板厚度 8 cm 时,套用相应定额子目人工乘以系数 1.14;石材板厚度 10 cm 时,人工乘以系数 1.193。

图5.2 园桥

5.5 计算实例

【例5.1】 某园路铺装施工如图5.3~5.4所示,试计算园路工程量、编制工程量清单并计算综合单价。

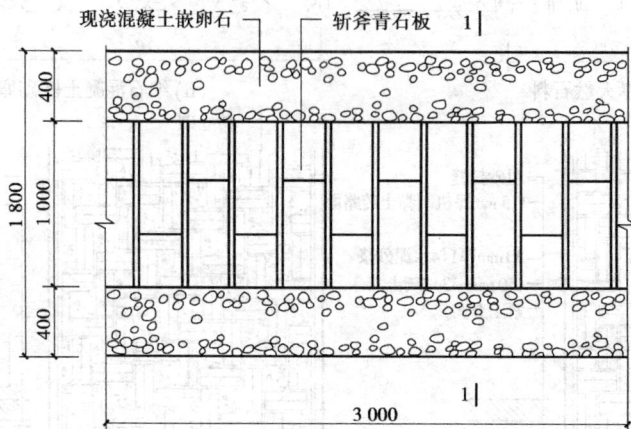

图5.3 园路铺装详图

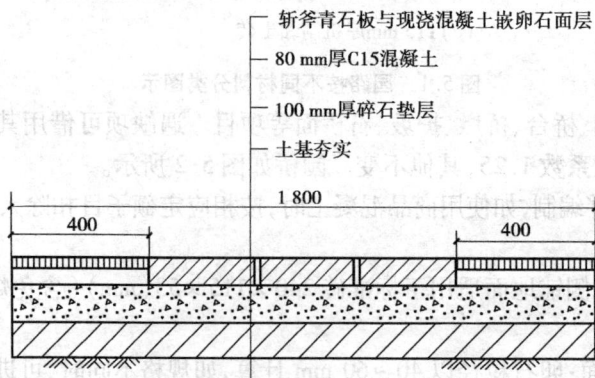

图5.4 园路剖面图

【解】 (1)园路清单工程量计算为

$$3 \times 1.8 = 5.4(m^2)$$

(2)编制工程量清单见表5.4。

表5.4 园路工程量清单

序号	项目编码	项目名称	项目特征描述	计量单位	工程量
1	050201001001	园路	1.路床土石类别:土基夯实 2.垫层厚度、宽度、材料种类:100 mm 厚碎石垫层 + 80 mm 厚 C15 混凝土垫层 3.路面厚度、宽度、材料种类:1 000 mm 宽斩斧青石板 + 800 mm 宽现浇混凝土嵌卵石面层 4.砂浆强度等级:1:2.5 水泥砂浆	m²	5.4

(3)园路清单项与定额项的匹配

根据表5.1,园路的工作内容包括:①路基、路床整理;②垫层铺筑;③路面铺筑;④路面养护。再结合表5.4项目特征的描述要求,在计算本例园路分项工程的综合单价时,应匹配的定额项见表5.5。

表5.5 园路项目清单项与定额项的匹配

清单项		定额项			
项目编码	项目名称	序号	定额编号	项目名称	定额来源
050201001001	园路	1	05030001	整理园路土基路床	《××省园林绿化工程消耗量定额》DBJ53/T—60—2013
		2	05030006	碎石垫层	
		3	05030007	混凝土垫层	
		4	05030009	现浇混凝土嵌卵石面层(换)	
		5	05030026	青石板路面(砂浆结合层)	

(4)与园路清单分项相关的定额工程量计算

1)整理园路土基路床定额工程量为

$$3.0 \times (1.8 + 0.05 \times 2) = 5.7(m^2)$$

2)碎石垫层定额工程量为

$$3.0 \times (1.8 + 0.05 \times 2) \times 0.1 = 0.57(m^3)$$

3)混凝土垫层定额工程量为

$$3.0 \times (1.8 + 0.05 \times 2) \times 0.08 = 0.456(m^3)$$

4)现浇混凝土嵌卵石面层定额工程量为

$$3.0 \times (0.4 + 0.4) = 2.4(m^2)$$

5)青石板路面定额工程量为

$$3.0 \times 1.0 = 3.0(m^2)$$

（5）拟套用的某省相关定额与单位估价表见表5.6~5.9。

表5.6　园路相关定额与单位估价表（一）

计量单位:10 m²

定额编号		05030001
项目名称		整理园路土基路床
基价/元		28.75
其中	人工费/元	28.75
	材料费/元	—
	机械费/元	—

表5.7　园路相关定额与单位估价表（二）

计量单位:m³

定额编号				05030005	05030006	05030007
项目名称					园路基础垫层	
				煤渣	碎石	混凝土
基价/元				24.09	51.99	111.81
其中	人工费/元			23.00	49.83	100.93
	材料费/元			—	—	2.80
	机械费/元			1.09	2.16	8.08
	名称	单位	单价/元		数量	
材料	煤渣	m³	—	(1.220)	—	—
	碎石 5~40 mm	m³	—	—	(1.100)	—
	山砂	m³	—	—	(0.331)	—
	现浇混凝土 C15	m³	—	—	—	(1.020)
	水	m³	5.60	—	—	0.500
机械	强制式混凝土搅拌机(电动)500 L	台班	192.49	—	—	0.042
	电动夯实机 夯击能力 20~62 Nm	台班	28.81	0.038	0.075	—

表5.8　园路相关定额与单位估价表（三）

计量单位:10 m²

定额编号	05030008	05030009	05030010	05030011
项目名称			园路面层	
	满铺卵石面	素色卵石面	纹形混凝土路面	水刷纹混凝土路面
	拼花	彩边素色	厚12 cm	
基价/元	1 345.09	781.14	196.80	382.35

其中	人工费/元			1 341.48	766.56	169.92	355.17
	材料费/元			3.61	14.58	26.88	27.18
	机械费/元						
	名称	单位	单价/元				
材料	彩色卵石	t	—	(0.170)	(0.140)	—	—
	本色卵石	t	—	(0.550)	(0.580)	—	—
	1:2.5 水泥砂浆	m³	—	(0.388)	(0.388)	—	—
	现浇混凝土 C15	m³	—	—	—	(1.224)	(1.066)
	1:2 水泥石屑浆	m³	—	—	—	—	(0.158)
	锯材	m³	1 200.00	—	—	0.015	0.015
	水	m³	5.60	0.500	0.500	1.400	1.400
	醇酸防锈漆	Kg	10.00		1.100	—	—
	其他材料费	元	1.00	0.810	0.780	1.035	1.335

表 5.9 园路相关定额与单位估价表(三)

计量单位:10 m²

定额编号				05030026	05030027	05030028	05030029
项目名称				园路面层			
				青石板	花岗岩		花岗岩小料石 100 × 100 mm
				厚 50 mm 内	厚 30 mm 内	厚 50 mm 内	
基价/元				256.25	305.80	330.15	362.27
其中	人工费/元			236.36	287.46	316.21	344.95
	材料费/元			7.01	6.94	1.06	7.22
	机械费/元			12.88	11.40	12.88	10.10
	名称	单位	单价/元				
材料	青石板	m²	—	(10.200)	—	—	—
	花岗岩 δ=30	m²	—	—	(10.200)	—	—
	花岗岩 δ=30	m²	—	—	—	(10.200)	—
	花岗岩小料石 100×100 m²	m²	—	—	—	—	(10.200)
	水泥砂浆 1:2.5	m³	—	(0.430)	(0.320)	(0.430)	(0.430)
	素水泥浆	m³	357.66	0.010	0.010	—	—
	石料切割锯片	片	23.00	0.042	0.042	0.046	0.042
	其他材料费	元	1.00	2.470	2.400	—	6.250
机械	石料切割机	台班	35.66	0.201	0.201	0.201	0.201
	灰浆搅拌机	台班	86.90	0.068	0.051	0.068	0.036

（6）询价知当地相关未计价材料的价格见表5.10。

表5.10 相关未计价材料的价格

项次	材料品名、规格	计量单位	单价/元
1	碎石5~40 mm	m^3	70.00
2	山砂（基建一级）	m^3	110.00
3	现浇混凝土C15	m^3	265.00
4	彩色卵石	t	38.60
5	本色卵石	t	34.80
6	1:2.5水泥砂浆	m^3	320.00
7	青石板δ=50	m^2	115.00

（7）拟套用定额材料费单价（增加未计价材后）计算如下。

05030006 碎石垫层材料费单价计算得

$$70 \times 1.10 + 110 \times 0.331 = 113.41(元/m^3)$$

05030007 混凝土垫层材料费单价计算得

$$2.80 + 265 \times 1.02 = 273.10(元/m^3)$$

05030009 现浇混凝土嵌卵石面层（用混凝土替换水泥砂浆）材料费单价计算得

$$14.58 + 38.60 \times 0.14 + 34.80 \times 0.58 + 265 \times 0.388 = 142.99(元/10\ m^2)$$

05030026 青石板面层材料费单价计算得

$$7.01 + 115 \times 10.20 + 320 \times 0.43 = 1\ 317.61(元/10\ m^2)$$

（8）园路分项工程综合单价计算见表5.11。

表5.11 综合单价分析表

清单综合单价组成明细

序号	项目编码	项目名称	计量单位	工程量	定额编号	项目名称	定额单位	数量	单价/元			合价/元				综合单价
									人工费	材料费	机械费	人工费	材料费	机械费	管理费和利润	
1	050201001001	园路	m²	5.4	05030001	整理园路土基路床	10 m²	0.105 6	28.75			3.03			1.30	207.82
					05030006	碎石垫层	m³	0.105 6	49.83	113.41	2.16	5.26	11.97	0.23	2.27	
					05030007	混凝土垫层	m³	0.084 4	100.93	273.10	8.08	8.52	23.06	0.68	3.69	
					05030009	现浇混凝土嵌卵石面层(换)	10 m²	0.044 4	766.56	142.99		34.07	6.36		14.65	
					05030026	青石板路面(砂浆结合层)	10 m²	0.055 6	236.36	1 317.61	12.88	13.13	73.20	0.72	5.67	
						小计						64.02	114.59	1.63	27.58	

（9）园路项目分部分项工程费计算见表 5.12。

表 5.12　分部分项工程清单与计价表

序号	项目编码	项目名称	项目特征描述	计量单位	工程量	金额/元				
						综合单价	合价	其中		
								人工费	机械费	暂估价
1	050201001001	园路	1. 路床土石类别：土基夯实 2. 垫层厚度、宽度、材料种类：100 mm 厚碎石垫层 + 80 mm 厚 C15 混凝土垫层 3. 路面厚度、宽度、材料种类：1 000 mm 宽斩斧青石板 + 800 mm 宽现浇混凝土嵌卵石面层 4. 砂浆强度等级：1∶2.5 水泥砂浆	m²	5.4	207.82	1 122.23	345.71	8.80	

【例 5.2】　某公园人造河北岸一段如图 5.5 所示，长 46 m，因与人行道靠近，为了安全起见设计要求将这一段河岸做成驳岸，试计算驳岸工程量、编制工程量清单并计算综合单价。

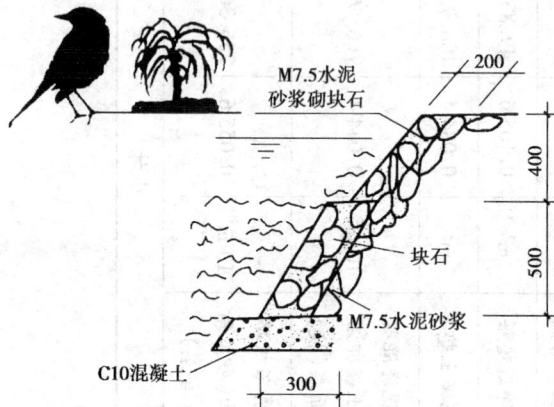

图 5.5　石砌驳岸示意图

【解】　（1）驳岸清单工程量计算为

$$V = 46 \times (0.3 \times 0.5 + 0.2 \times 0.4) = 10.58 (m^3)$$

（2）编制工程量清单见表 5.13。

表 5.13　工程量清单

序号	项目编码	项目名称	项目特征描述	计量单位	工程量
1	050202001001	石（卵石）砌驳岸	1. 石料种类规格：块石 2. 垫层厚度、宽度、材料种类：100 mm 厚，400 mm 宽 C10 混凝土 2. 驳岸截面长度：300 mm 和 200 mm 3. 勾缝要求：1∶1 水泥砂浆勾缝 4. 砂浆强度等级、配合比：M7.5 水泥砂浆	m³	10.58

(3)驳岸清单项与定额项的匹配

根据表5.2,驳岸的工作内容包括:①石料加工;②砌石;③勾缝。再结合表5.4项目特征的描述要求,在计算本例园路分项工程的综合单价时,应匹配的定额项见表5.14。

表5.14　园路项目清单项与定额项的匹配

清单项		定额项			
项目编码	项目名称	序号	定额编号	项目名称	定额来源
050202 001001	石(卵石)砌驳岸	1	05030007	混凝土垫层	《××省园林绿化工程消耗量定额》DBJ53/T—60—2013
		2	05030057	护坡毛石	
		3	01040071	勾缝	《××省房屋建筑与装饰工程消耗量定额》DBJ53/T—61—2013

(4)与驳岸清单分项相关的定额工程量计算

1)混凝土垫层定额工程量为 $46 \times 0.4 \times 0.1 = 1.84(\text{m}^3)$

2)护坡毛石定额工程量为 $46 \times (0.3 \times 0.5 + 0.2 \times 0.4) = 10.58(\text{m}^3)$

3)护坡勾缝定额工程量为 $46 \times (0.5 + 0.4) = 41.4(\text{m}^2)$

(5)拟套用的某省相关定额与单位估价表见表5.15。

表5.15　驳岸相关定额与单位估价表(一)

定额编号				05020026	05030057	01040071
项目名称				卵石护岸 (10 m²)	护坡毛石 (m³)	勾缝(凸) (100 m²)
基价/元				921.55	113.84	797.11
其中	人工费/元			919.87	105.40	756.98
	材料费/元			1.68	0.62	32.48
	机械费/元			—	7.82	7.65
	名称	单位	单价/元	数量		
材料	抹水泥砂浆1:2.5	m³	—	(0.540)		
	本色卵石	t	—	(0.970)		
	水泥砂浆 M10	m³	—		(0.367)	(0.53)
	毛石 200~600 mm	m³	—		(1.180)	
	水	m³	5.60	0.160	—	5.80
	其他材料费	m³	1.00	0.780	0.615	—
机械	汽车式起重机8 t	台班	601.19	—	0.013	0.042
	灰浆灰浆搅拌机	台班	86.90	—	—	0.042

(6)询价知,当地相关未计价材料的价格见表5.16。

表5.16 相关未计价材料的价格

项次	材料品名、规格	计量单位	单价/元
1	现浇混凝土 C15	m³	265.00
2	水泥砂浆 M7.5	m³	330.00
3	毛石 200~600 mm	m³	68.00

(7)拟套用定额材料费单价(增加未计价材后)计算如下。

05030007 混凝土垫层材料费单价计算得

$$2.80 + 265 \times 1.02 = 273.10(元/m^3)$$

05030057 护坡毛石材料费单价计算得

$$0.62 + 330 \times 0.367 + 68 \times 1.18 = 201.97(元/m^3)$$

0104007 勾缝材料费单价计算得

$$32.48 + 330 \times 0.53 = 207.38(元/100 m^2)$$

(9)园路项目分部分项工程费计算见表5.17。

(8)园路分项工程综合单价计算见表5.18。

表5.17 分部分项工程清单与计价表

序号	项目编码	项目名称	项目特征描述	计量单位	工程量	综合单价	合价	人工费	机械费	暂估价
								其中		
1	050202001001	石(卵石)砌驳岸	1. 石料种类规格:块石 2. 垫层厚度、宽度、材料种类:100 mm厚,400 mm宽 C10 混凝土 3. 驳岸截面长度:300 mm 和 200 mm 4. 勾缝要求:1:1水泥砂浆勾缝 5. 砂浆强度等级、配合比:M7.5 水泥砂浆	m³	10.58	418.97	4 432.70	1 447.13	87.39	

表 5.18　综合单价分析表

序号	项目编码	项目名称	计量单位	工程量	定额编号	定额名称	定额单位	数量	清单综合单价组成明细									
									单价/元				合价/元				综合单价	
									人工费	材料费	机械费	人工费	材料费	机械费	管理费和利润			
1	050202001001	石(卵石)砌驳岸	m³	10.58	05030007	混凝土垫层	10 m²	0.017 4	100.93	273.10	8.08	1.76	4.75	0.14	0.76			
					05030057	护坡毛石	m³	1.000 0	105.4	201.97	7.82	105.40	201.97	7.82	45.59	418.97		
					01040071	勾缝	100 m²	0.039 1	756.98	207.38	7.65	29.62	8.11	0.30	12.75			
						小计						136.78	214.83	8.26	59.10			

思考与练习

按图5.6所示列出园路项目、计算相应工程量并采用当地定额计算综合单价。

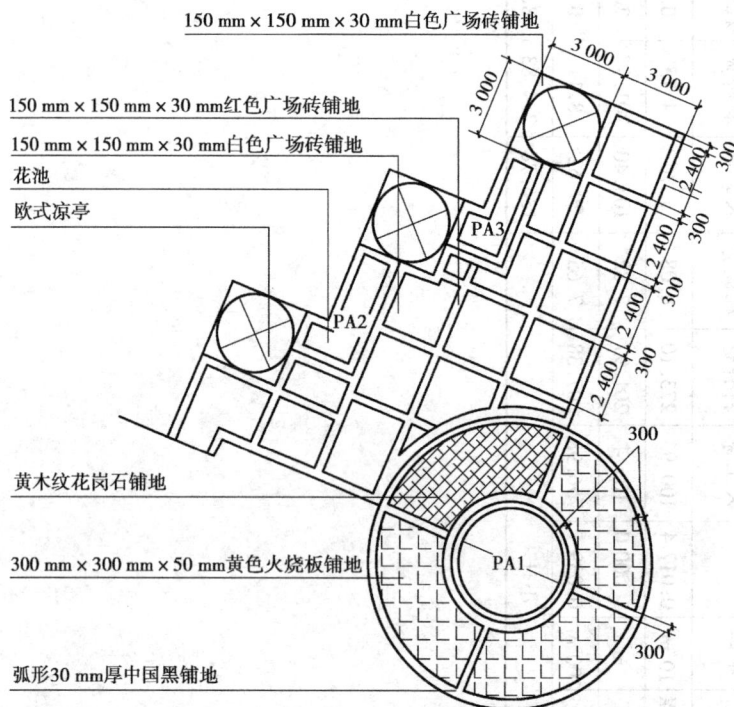

(a)黄木纹花岗石铺地大样图

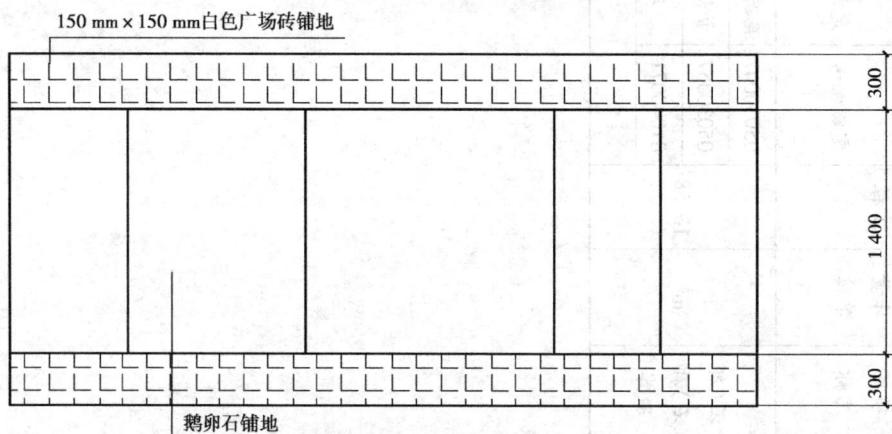

(b)鹅卵石铺地大样图

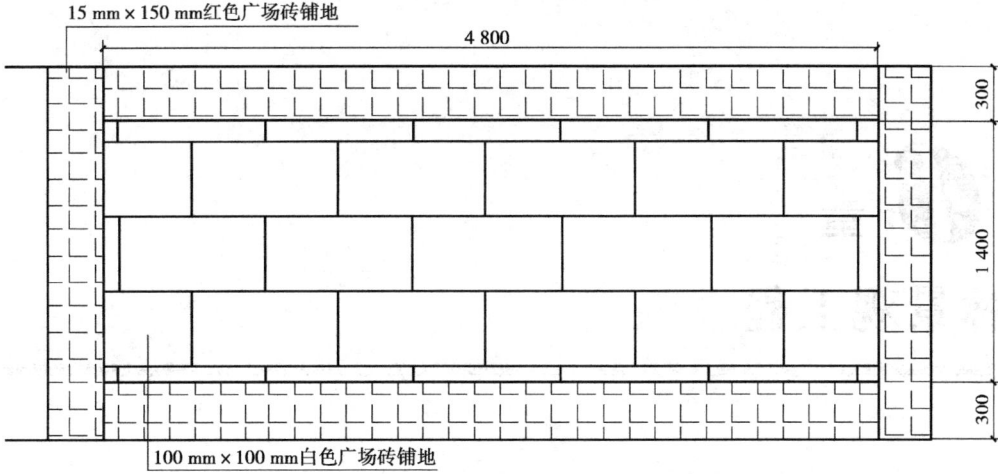

15 mm×150 mm红色广场砖铺地

4 800

300

1 400

300

100 mm×100 mm白色广场砖铺地

（c）广场砖铺地大样图

图5.6　某园路示意图

第 **6** 章
园林景观工程

教学要求：

- 熟悉园林景观(堆砌假山和塑假石山)工程清单分项的划分标准。
- 掌握园林景观(堆砌假山和塑假石山)工程的工程量计算规则。
- 掌握园林景观(堆砌假山和塑假石山)工程的综合单价分析计算方法。

本章主要讨论园林景观及园林小品(包括堆砌假山、塑假石山、堆塑装饰、小型设施等)工程的项目划分、工程量计算和综合单价计算问题。

6.1 清单项目划分

《清单计量规范》将园林景观及园林小品工程划分为堆塑假山；原木、竹构件；亭廊屋面；花架；园林桌椅；喷泉安装；杂项等项目。

(1)具体分项见表 6.1 至表 6.7。

表 6.1 堆塑假山(编码:050301)

项目编码	项目名称	项目特征	计量单位	工程量计算规则	工程内容
050301001	堆筑土山丘	1. 土丘高度 2. 土丘坡度要求 3. 土丘底外接矩形面积	m³	按设计图示山丘水平投影外接矩形面积乘以高度的1/3以体积计算	1. 取土、运土 2. 堆砌、夯实 3. 修整
050301002	堆砌石假山	1. 堆砌高度 2. 石料种类、单块重量 3. 混凝土强度等级 4. 砂浆强度等级、配合比	t	按设计图示尺寸以重量计算	1. 选料 2. 起重机搭、拆 3. 堆砌、修整

项目编码	项目名称	项目特征	计量单位	工程量计算规则	工程内容
050301003	塑假山	1. 假山高度 2. 骨架材料种类、规格 3. 山皮料种类 4. 混凝土强度等级 5. 砂浆强度等级、配合比 6. 防护材料种类	m²	按设计图示尺寸以展开面积计算	1. 骨架制作 2. 假山胎膜制作 3. 塑假山 4. 山皮料安装 5. 刷防护材料
050301004	石笋	1. 石笋高度 2. 石笋材料种类 3. 砂浆强度等级、配合比	支	1. 以块（支、个）计量，按设计图示数量计算 2. 以 t 计量，按设计图示石料质量计算	1. 选石料 2. 石笋安装
050301005	点风景石	1. 石料种类 2. 石料规格、重量 3. 砂浆配合比	1. 块 2. t	1. 以块（支、个）计量，按设计图示数量计算 2. 以 t 计量，按设计图示石料质量计算	1. 选石料 2. 起重架搭、拆 3. 点石
050301006	池、盆景置石	1. 底盘种类 2. 山石高度 3. 山石种类 4. 混凝土砂浆强度等级 5. 砂浆强度等级、配合比	1. 座 2. 个		1. 底盘制作、安装 2. 池、盆景山石安装、砌筑
050301007	山（卵）石护角	1. 石料种类、规格 2. 砂浆配合比	m³	按设计图示尺寸以体积计算	1. 石料加工 2. 砌石
050301008	山坡（卵）石台阶	1. 石料种类、规格 2. 台阶坡度 3. 砂浆强度等级	m²	按设计图示尺寸以水平投影面积计算	1. 选石料 2. 台阶砌筑

表 6.2　原木、竹构件（编码：050302）

项目编码	项目名称	项目特征	计量单位	工程量计算规则	工程内容
050302001	原木（带树皮）柱、梁、檩、椽	1. 原木种类 2. 原木直（梢）径（不含树皮厚度）	m	按设计图示尺寸以长度计算（包括榫长）	1. 构件制作 2. 构件安装 3. 刷防护材料
050302002	原木（带树皮）墙	3. 墙龙骨材料种类、规格 4. 墙底层材料种类、规格 5. 构件联结方式 6. 防护材料种类	m²	按设计图示尺寸以面积计算（不包括柱、梁）	
050302003	树枝吊挂楣子			按设计图示尺寸以框外围面积计算	
050302004	竹柱、梁、檩、椽	1. 竹种类 2. 竹直（梢）径 3. 连接方式 4. 防护材料种类	m	按设计图示尺寸以长度计算	

续表

项目编码	项目名称	项目特征	计量单位	工程量计算规则	工程内容
050302005	竹编墙	1. 竹种类 2. 墙龙骨材料种类、规格 3. 墙底层材料种类、规格 4. 防护材料种类	m²	按设计图示尺寸以面积计算（不包括柱、梁）	1. 构件制作 2. 构件安装 3. 刷防护材料
050302006	竹吊挂楣子	1. 竹种类 2. 竹梢径 3. 防护材料种类		按设计图示尺寸以框外围面积计算	1. 构件制作 2. 构件安装 3. 刷防护材料

表6.3　亭廊屋面(编码:050303)

项目编码	项目名称	项目特征	计量单位	工程量计算规则	工程内容
050303001	草屋面	1. 屋面坡度 2. 铺草种类 3. 竹材种类 4. 防护材料种类	m²	按设计图示尺寸以斜面计算	1. 整理、选料 2. 屋面铺设 3. 刷防护材料
050303002	竹屋面			按设计图示尺寸以实铺面积计算(不包括柱、梁)	
050303003	树皮屋面			按设计图示尺寸以实铺框外围面积计算	
050303004	油毡瓦屋面	1. 冷底子油品种 2. 冷底子油涂刷遍数 3. 油毡瓦颜色规格		按设计图示尺寸以斜面计算	1. 清理基层 2. 材料裁接 3. 刷油 4. 铺设
050303005	预制混凝土穹顶	1. 穹顶弧长、直径 2. 肋截面尺寸 3. 板厚 4. 混凝土强度等级 5. 拉杆材质、规格	m³	按设计图示尺寸以体积计算。混凝土脊和穹顶的肋、基梁并入屋面体积	1. 模板制作、运输、安装、拆除、保养 2. 混凝土制作、运输、浇筑、振捣、养护 3. 构件制作、运输 4. 砂浆制作、运输 5. 接头灌缝、养护
050303006	彩色压型钢板(夹芯板)攒尖亭屋面板	1. 屋面坡度 2. 穹顶弧长、直径 3. 彩色压型钢板(夹芯板)品种、规格 4. 拉杆材质、规格 5. 嵌缝材料种类 6. 防护材料种类	m²	按设计图示尺寸以实铺面积计算	1. 压型板安装 2. 护角、包角、泛水安装 3. 嵌缝 4. 刷防护材料
050303007	彩色压型钢板(夹芯板)穹顶				

项目编码	项目名称	项目特征	计量单位	工程量计算规则	工程内容
050303008	玻璃屋面	1. 屋面坡度 2. 龙骨材质、规格 3. 玻璃材质、规格 4. 防护材料种类	m²	按设计图示尺寸以实铺面积计算	1. 制作 2. 安装 3. 运输
050303009	木(防腐木)屋面	1. 木(防腐木)种类 2. 防护层处理			1. 制作 2. 安装 3. 运输

表6.4　花架(编码:050304)

项目编码	项目名称	项目特征	计量单位	工程量计算规则	工程内容
050304001	现浇混凝土花架柱、梁	1. 柱截面、高度、根数 2. 盖梁截面、高度、根数 3. 连系梁截面、高度、根数 4. 混凝土强度等级 5. 模板计量方式	m³	按设计图示尺寸以体积计算	1. 模板制作、运输、安装、拆除、保养 2. 混凝土制作、运输、浇筑、振捣、养护
050304002	预制混凝土花架柱、梁	1. 柱截面、高度、根数 2. 盖梁截面、高度、根数 3. 连系梁截面、高度、根数 4. 混凝土强度等级 5. 砂浆配合比			1. 模板制作、运输、安装、拆除、保养 2. 混凝土制作、运输、浇筑、振捣、养护 3. 构件制作、运输 4. 砂浆制作、运输 5. 接头灌缝、养护
050304003	金属花架柱、梁	1. 钢材品种、规格 2. 柱、梁截面 3. 油漆品种、刷漆遍数	t	按设计图示尺寸以质量计算	1. 制作、运输 2. 安装 3. 油漆
050304004	木花架柱、梁	1. 木材种类 2. 柱、梁截面 3. 连接方式 4. 防护材料种类	m³	按设计图示截面乘长度(包括榫长)以体积计算	1. 构件制作、运输、安装 2. 刷防护材料、油漆
050304005	竹花架柱、梁	1. 竹种类 2. 竹胸径 3. 油漆品种、刷漆遍数	1. m 2. 根	1. 以长度计量,按设计图示花架构件尺寸以延长米计算 2. 根计量,按图示花架柱、梁数量计	1. 制作 2. 运输 3. 安装 4. 油漆

表 6.5　园林桌椅(编码:050305)

项目编码	项目名称	项目特征	计量单位	工程量计算规则	工程内容
050305001	预制钢筋混凝土飞来椅	1.座凳面厚度、宽度 2.靠背扶手截面 3.靠背截面 4.座凳楣子形状、尺寸 5.混凝土强度等级 6.砂浆配合比	m	按设计图示尺寸以座凳面中心线长度计算	1.模板制作、运输、安装、拆除、保养 2.混凝土制作、运输、浇筑、振捣、养护 3.构件运输、安装 4.砂浆制作、运输、抹面、养护 5.接头灌缝、养护
050305002	水磨石飞来椅	1.座凳面厚度、宽度 2.靠背扶手截面 3.靠背截面 4.座凳楣子形状、尺寸 5.砂浆配合比			1.砂浆制作、运输 2.制作 3.运输 4.安装
050305003	竹制飞来椅	1.竹材种类 2.座凳面厚度、宽度 3.靠背扶手截面 4.靠背截面 5.座凳楣子形状 6.铁件尺寸、厚度 7.防护材料种类			1.座凳面、靠背扶手、靠背、楣子制作、安装 2.铁件安装 3.刷防护材料
050305004	现浇混凝土桌凳	1.桌凳形状 2.基础尺寸、埋设深度 3.桌面尺寸、支墩高度 4.凳面尺寸、支墩高度 5.混凝土强度等级、砂浆配合比	个	按设计图示数量计算	1.模板制作、运输、安装、拆除、保养 2.混凝土制作、运输、浇筑、振捣、养护 3.砂浆制作、运输
050305005	预制混凝土桌凳	1.桌凳形状 2.基础形状、尺寸、埋设深度 3.桌面形状、尺寸、支墩高度 4.凳面尺寸、支墩高度 5.混凝土强度等级 6.砂浆配合比			1.模板制作、运输、安装、拆除、保养 2.混凝土制作、运输、浇筑、振捣、养护 3.构件运输、安装 4.砂浆制作、运输、抹面、养护 5.接头灌缝、养护

项目编码	项目名称	项目特征	计量单位	工程量计算规则	工程内容
050305006	石桌石凳	1. 石材种类 2. 基础形状、尺寸、埋设深度 3. 桌面形状、尺寸、支墩高度 4. 凳面尺寸、支墩高度 5. 混凝土强度等级 6. 砂浆配合比	个	按设计图示数量计算	1. 土方挖运 2. 桌凳制作 3. 桌凳运输 4. 桌凳安装 5. 砂浆制作、运输
050305007	水磨石桌凳	1. 基础形状、尺寸、埋设深度 2. 桌面形状、尺寸、支墩高度 3. 凳面尺寸、支墩高度 4. 混凝土强度等级 5. 砂浆配合比			1. 桌凳制作 2. 桌凳运输 3. 桌凳安装 4. 砂浆制作、运输
050305008	塑树根桌凳	1. 桌凳直径 2. 桌凳高度 3. 砖石种类 4. 砂浆强度等级、配合比 5. 颜料品种、颜色			1. 砂浆制作、运输 2. 砖石砌筑 3. 塑树皮 4. 绘制木纹
050305009	塑树节椅				
050305010	塑料、铁艺、金属椅	1. 木座板面截面 2. 座椅规格、颜色 3. 混凝土强度等级 4. 防护材料种类			1. 制作 2. 安装 3. 刷防护材料

表 6.6　喷泉安装（编码:050306）

项目编码	项目名称	项目特征	计量单位	工程量计算规则	工程内容
050306001	喷泉管道	1. 管材、管件、阀门、喷头品种 2. 管道固定方式 3. 防护材料种类	m	按设计图示管道中心线长度以延长米计算,不扣除检查(阀门)井、阀门、管件及附件所占的长度	1. 土(石)方挖运 2. 管材、管件、阀门、喷头安装 3. 刷防护材料 4. 回填
050306002	喷泉电缆	1. 保护管品种、规格 2. 电缆品种、规格	m	按设计图示单根电缆长度以延长米计算	1. 土(石)方挖运 2. 电缆保护管安装 3. 电缆敷设 4. 回填

续表

项目编码	项目名称	项目特征	计量单位	工程量计算规则	工程内容
050306003	水下艺术装饰灯具	1. 灯具品种、规格 2. 灯光颜色	套	按设计图示数量计算	1. 灯具安装 2. 支架制作、运输、安装
050306004	电气控制柜（箱）	1. 规格、型号 2. 安装方式	台		1. 电气控制柜（箱）安装 2. 系统调试
050306005	喷泉设备	1. 设备品种 2. 设备规格、型号 3. 防护网品种、规格			1. 设备安装 2. 系统调试 3. 防护网安装

表 6.7　杂项（编码:050307）

项目编码	项目名称	项目特征	计量单位	工程量计算规则	工程内容
050307001	石灯	1. 石料种类 2. 石灯最大截面 3. 石灯高度 4. 砂浆配合比	个	按设计图示数量计算	1. 制作 2. 安装
050307002	石球	1. 石料种类 2. 球体直径 3. 砂浆配合比			
050307003	塑仿石音箱	1. 音箱石内空尺寸 2. 铁丝型号 3. 砂浆配合比 4. 水泥漆颜色			1. 胎模制作、安装 2. 铁丝网制作、安装 3. 砂浆制作、运输 4. 喷水泥漆 5. 埋置仿石音箱
050307004	塑树皮梁、柱	1. 塑树种类 2. 塑竹种类 3. 砂浆配合比 4. 喷字规格、颜色 5. 油漆品种、颜色	1. m^2 2. m	1. 以 m^2 计量,按设计图示尺寸以梁柱外表面积计算 2. 以米计量,按设计图示尺寸以构件长度计算	1. 灰塑 2. 刷涂颜料
050307005	塑竹梁、柱				
050307006	铁艺栏杆	1. 铁艺栏杆高度 2. 铁艺栏杆单位长度重量 3. 防护材料种类	m	按设计图示尺寸以长度计算	1. 铁艺栏杆安装 2. 刷防护材料
050307007	塑料栏杆	1. 栏杆高度 2. 塑料种类			1. 下料 2. 安装 3. 校正

项目编码	项目名称	项目特征	计量单位	工程量计算规则	工程内容
050307008	钢筋混凝土艺术围栏	1. 围栏高度 2. 混凝土强度等级 3. 表面涂刷材料种类	1. m² 2. m	按设计图示尺寸以面积计算	1. 制作 2. 运输 3. 安装 4. 砂浆制作、运输 5. 接头灌缝、养护
050307009	标志牌	1. 材料种类、规格 2. 镌字规格、种类 3. 喷字规格、颜色 4. 油漆品种、颜色	个	按设计图示数量计算	1. 选料 2. 标志牌制作 3. 雕凿 4. 镌字、喷字 5. 运输、安装 6. 刷油漆
050307010	景墙	1. 土质类别 2. 垫层材料种类 3. 基础材料种类、规格 4. 墙体材料种类、规格 5. 墙体厚度 6. 混凝土、砂浆强度等级、配合比 7. 饰面材料种类	1. m³ 2. 段	1. 以 m³ 计量,按设计图示尺寸以体积计算 2. 以段计量,按设计图示尺寸以数量计算	1. 土(石)方挖运 2. 垫层、基础铺设 3. 墙体砌筑 4. 面层铺贴
050307011	景窗	1. 景窗材料品种、规格 2. 混凝土强度等级 3. 砂浆强度等级、配合比 4. 涂刷材料品种	m²	按设计图示尺寸以面积计算	1. 制作 2. 运输 3. 砌筑安放 4. 勾缝 5. 表面涂刷
050307012	花饰	1. 花饰材料品种、规格 2. 砂浆配合比 3. 涂刷材料品种			
050307013	博古架	1. 博古架材料品种、规格 2. 混凝土强度等级 3. 砂浆配合比 4. 涂刷材料品种	1. m² 2. m 3. 个	1. 以 m² 计量,按设计图示尺寸以面积计算 2. 以 m 计量,按设计图示尺寸以延长米计算 3. 以个计量,按设计图示尺寸以数量计算	1. 制作 2. 运输 3. 砌筑安放 4. 勾缝 5. 表面涂刷

续表

项目编码	项目名称	项目特征	计量单位	工程量计算规则	工程内容
050307014	花盆(坛、箱)	1.花盆(坛、箱)的材质及类型 2.规格尺寸 3.混凝土强度等级 4.砂浆配合比	个	按设计图示尺寸以数量计算	1.制作 2.运输 3.安放
050307015	摆花	1.花盆(钵)的材质及类型 2.花卉品种与规格	1.m² 2.个	1.以m²计量,按设计图示尺寸以水平投影面积计算 2.以个计量,按设计图示数量计算	1.搬运 2.安放 3.养护 4.撤收
050307016	花池	1.土质类别 2.池壁材料种类、规格 3.混凝土、砂浆强度等级.配合比 4.饰面材料种类	1.m³ 2.m 3.个	1.以m³计量,按设计图示尺寸以体积计算 2.以m计量,按设计图示尺寸以池壁中心线处延长米计算 3.以个计量,按设计图示数量计算	1.垫层铺设 2.基础砌(浇)筑 3.墙体砌(浇)筑 4.面层铺贴
050307017	垃圾箱	1.垃圾箱材质 2.规格尺寸 3.混凝土强度等级 4.砂浆配合比	个	按设计图示尺寸以数量计算	1.制作 2.运输 3.安放
050307018	砖石砌小摆设	1.砖种类、规格 2.石种类、规格 3.砂浆强度等级、配合比 4.石表面加工要求 5.勾缝要求	1.m³ 2.个	1.以m³计量,按设计图示尺寸以体积计算 2.以个计量,按设计图示尺寸以数量计算	1.砂浆制作、运输 2.砌砖、石 3.抹面、养护 4.勾缝 5.石表面加工
050307019	其他景观小摆设	1.名称及材质 2.规格尺寸	个	按设计图示尺寸以数量计算	1.制作 2.运输 3.安放
050307020	柔性水池	1.水池深度 2.防水(漏)材料品种	m²	按设计图示尺寸以水平投影面积计算	1.清理基层 2.材料裁接 3.铺设

（2）清单列项相关说明

1）假山（堆筑土山丘除外）工程的挖土方、开凿石方、回填等应按《房屋建筑与装饰工程工程量计算规范》相关项目编码列项。

2）如遇某些构配件使用钢筋混凝土或金属构件时，应按《房屋建筑与装饰工程工程量计算规范》或《市政工程工程量计算规范》相关项目编码列项。

3）散铺河滩石按点风景石项目单独编码列项。

4）堆筑土山丘，适用于夯填、堆筑而成。

5）木构件连接方式应包括：开榫连接、铁件连接、扒钉连接、铁钉连接。

6）竹构件连接方式应包括：竹钉固定、竹篾绑扎、铁丝连接。

7）柱顶石（磉蹬石）、钢筋混凝土屋面板、钢筋混凝土亭屋面板、木柱、木屋架、钢柱、钢屋架、屋面木基层和防水层等，应按房屋建筑与装饰工程计量规范中相关项目编码列项。

8）膜结构的亭、廊，应按房屋建筑与装饰工程计量规范中相关项目编码列项。

9）花架基础、玻璃天棚、表面装饰及涂料项目应按房屋建筑与装饰工程计量规范中相关项目编码列项。

10）木制飞来椅按《仿古建筑工程工程量计算规范》相关项目编码列项。

11）喷泉水池应按房屋建筑与装饰工程计量规范中相关项目编码列项。

12）管架项目按房屋建筑与装饰工程计量规范中钢支架项目单独编码列项。

13）砌筑果皮箱，放置盆景的须弥座等，应按砖石砌小摆设项目编码列项。

14）现浇混凝土构件中的钢筋项目按《房屋建筑与装饰工程工程量计算规范》相关项目编码列项。

15）石浮雕、石镌字按《仿古建筑工程工程量计算规范》相关项目编码列项。

6.2　定额项目划分

定额将园林景观（堆砌假山和塑假石山）工程按工程部位划分为假山、假石山、点石三个部分。各部分又按使用的材料品种划分子项，其分类见表 6.8。

表 6.8　定额项目分类表

类别	按类型分	按材料分		包括的主要项目
堆砌假山	假山	土山丘		人工堆筑土山丘
				机械堆筑土山丘
		湖石		高度分别在 1 m，2 m，3 m，4 m 以内的假山
		黄石		高度分别在 1 m，2 m，3 m，4 m 以内的假山
	石峰	湖石	整块湖石峰	高度分别在 3 m，4 m，5 m 以内的石峰
			人造湖石峰	
		人造黄石峰		高度在 2 m，3 m，4 m 以内的人造黄石峰
	石笋	石笋安装		高度在 2 m，3 m，4 m 以内的石笋安装

续表

类别	按类型分	按材料分	包括的主要项目
堆砌假山	土山点石	湖石	高度4 m以内的山丘
	布置景石	景湖石	按景石总重量1 t,1~5 t,5~10 t以内的布置
	布置护岸	自然石护岸	自然式护岸
		卵石护岸	自然式溪流驳岸
			镶嵌卵石护岸
塑假石山	塑假石山	砖骨架	外围表面高度在2.5 m,6 m,10 m以内的塑假山
		钢骨架	钢骨架钢网的塑假山
园林小品	堆塑装饰	塑仿松树皮	面层装饰
			直径在20 cm,30 cm以内的柱面装饰
		塑竹节竹片	面层装饰
		壁画面	面层装饰
		塑松棍	直径在15 cm,25 cm以内的柱面装饰
		塑黄竹	直径在10 cm,15 cm以内的柱面装饰
		塑金丝竹	直径在10 cm,15 cm以内的柱面装饰
	园林小摆设	砖砌	摆设的制作
			摆设的抹灰
	栏杆	预制混凝土花色	栏杆的制作
			栏杆的安装
		金属花色	钢管、钢筋、扁铁混合结构的制作(包括简单、普通、复杂三种)
			栏杆的安装
	石材压顶	花岗岩	标准型,厚50 mm和厚100 mm以内的石材
			异形,厚50 mm和厚100 mm以内的石材

6.3 工程量计算规则

1.清单规则

清单计量规则详见表6.1至表6.7中的相关规定。

2.定额规则

1)堆筑土山丘,按设计图示山丘水平投影外接矩形面积乘以高度的1/3以 m³ 计算。

2)假山工程量按设计堆砌的石料以 t 计算。计算公式为

$$堆砌假山工程量(t) = 进料验收的数量 - 进料剩余数 \qquad (6.1)$$

3)砖砌空腹骨架以假石山的外围表面积以 m² 计算;砖砌实腹骨架以砌体的体积以 m³ 计算。

4)钢骨架以假石山的外围表面积以 m² 计算。

5)镶贴卵石护岸按设计图示实际镶贴展开面积以 m² 计算。

6)堆塑装饰工程分别按展开面积以 m² 计算;塑松棍(柱)、竹分不同直径工程量按长度以延长米计算。

7)小型设施(包括预制钢筋混凝土和金属花色栏杆)工程量按延长米计算。

8)花岗岩压顶厚 100 mm 以内的,按设计图示尺寸以面积 m² 计算。

3.假山工程量计算方法

假山清单工程量以重量计,其计算按以下公式计算:

$$W = A \cdot H \cdot R \cdot K_n \tag{6.2}$$

式中 W——石料重量(t);

A——假山平面轮廓的水平投影外接矩形面积(m²);

H——假山着地点至最高点的垂直距离(m);

R——石料的密度(黄石或杂石 2.6 t/m³,湖石 2.2 t/m³);

K_n——折算系数(高度在 2 m 以内取值 0.65,高度在 4 m 以内的取值 0.56)。

6.4　计价的相关规定

1)堆砌假山包括湖石假山、黄石假山、塑假石山等,假山基础除注明外,套用建筑工程相应定额项目。

2)砖骨架的塑假石山,如设计要求做部分钢筋混凝土骨架时,允许换算。钢骨架的塑假石山未包括基础、脚手架、主骨架的工料费。

3)镶嵌卵石护岸适用于满铺卵石护岸,点布大卵石护岸适用于卵石自然式溪流驳岸。

4)假山的基础和自然式驳岸下部的挡水墙,按市政工程相应定额项目执行。

5)石峰是指耸拔高度距峰底小于 2 m,峰底石周长为峰石高度的 1/3 以内的为石峰。

6)园林小摆设系指各种仿匾额、花瓶、花盆、石鼓、座凳及小型水盆、花坛池、花架预制件。

7)干、枝堆塑装饰的塑松棍和松皮按一般造型考虑,若艺术造型(如树枝、老松皮、寄生等)另行计算。

8)干、枝堆塑装饰的塑金丝竹、黄竹、松棍每条长度不足 1.5 m 的,人工乘以系数 1.5,如骨料不同可换算。

6.5　计算实例

【例6.1】 某城市广场有一堆砌湖石假山景观,假山水平投影的外接矩形估算长 4.6 m,宽 2.5 m,外围砌筑花池,其详细施工图如图 6.1 和图 6.2 所示。试计算假山、花池工程量,编制工程量清单并计算综合单价。

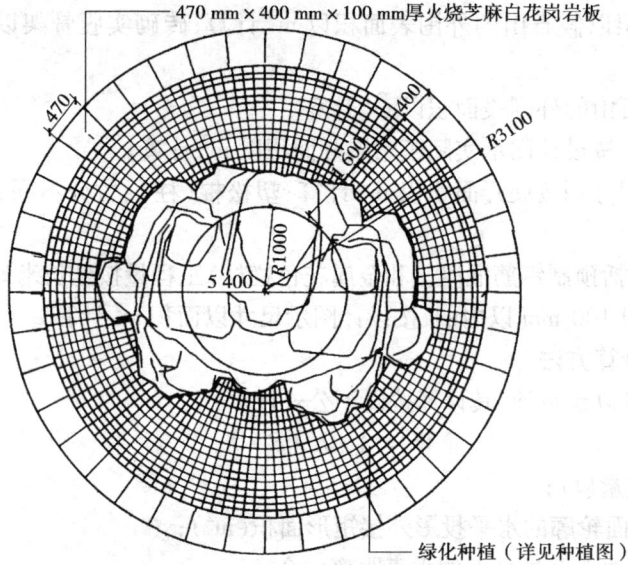

470 mm×400 mm×100 mm厚火烧芝麻白花岗岩板

R3100

R1000

5 400

绿化种植（详见种植图）

图 6.1　湖石假山平面图

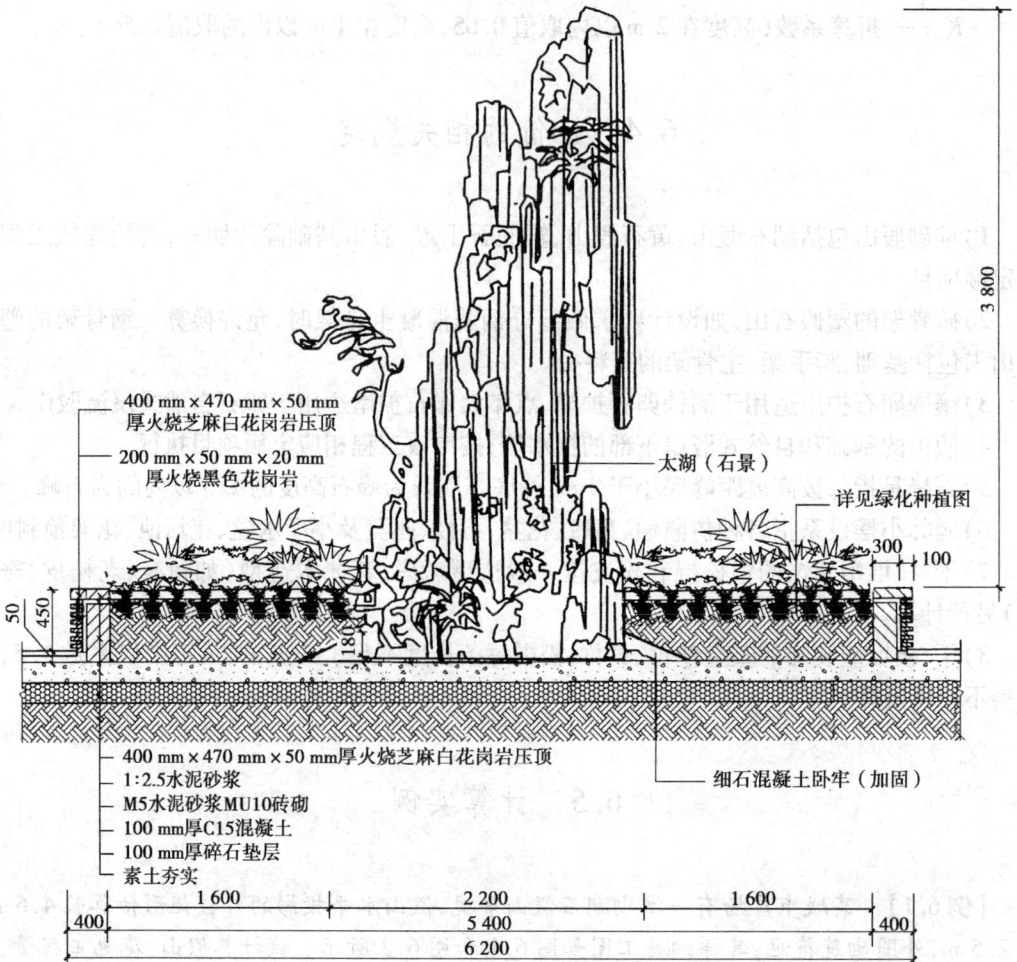

3 800

400 mm×470 mm×50 mm
厚火烧芝麻白花岗岩压顶

200 mm×50 mm×20 mm
厚火烧黑色花岗岩

太湖（石景）

详见绿化种植图

300

100

50

450

400 mm×470 mm×50 mm厚火烧芝麻白花岗岩压顶

1:2.5水泥砂浆

M5水泥砂浆MU10砖砌

100 mm厚C15混凝土

100 mm厚碎石垫层

素土夯实

细石混凝土卧牢（加固）

1 600　　　2 200　　　1 600

400　　　5 400　　　400

6 200

图 6.2　湖石假山立面图

【解】　(1)清单工程量计算

湖石假山

$$W = A \cdot H \cdot R \cdot K_n = 4.6 \times 2.5 \times 3.8 \times 2.2 \times 0.56 = 53.84(t)$$

花池

$$V = (5.4 + 0.3/2 \times 2) \times 3.141\,6 \times (0.4 - 0.05 + 0.05) \times 0.3 = 2.15(m^3)$$

(2)工程量清单编制,见表6.9。

表6.9　假山工程量清单

序号	项目编码	项目名称	项目特征描述	计量单位	工程量
1	050301002001	堆砌石假山	1. 堆砌高度:3.8 m 2. 石料种类:湖石 3. 混凝土强度等级:C15 细石混凝土 4. 砂浆强度等级、配合比:水泥砂浆1:2.5	t	53.84
2	050307016001	花池	1. 土质类别:无挖土 2. 池壁材料种类、规格:MU10 标准砖 240 mm × 115 mm ×53 mm 3. 混凝土、砂浆强度等级、配合比:M5 水泥砂浆 4. 饰面材料种类:1:2.5 水泥砂浆贴 400 mm × 470 mm ×50 mm 火烧芝麻白花岗岩压顶;1:2.5 水泥砂浆贴 200 mm × 50 mm × 20 mm 火烧黑色花岗岩侧壁	m³	2.15

(3)清单项与定额项的匹配

查表6.1知,堆砌石假山的工作内容包括:①选料;②起重机搭、拆;③堆砌、修整。

查表6.7知,花池的工作内容包括:①垫层铺设;②基础砌(浇)筑;③墙体砌(浇)筑;④面层铺贴。

结合表6.9项目特征的描述要求,在计算本例假山、花池分项工程的综合单价时,清单项与定额项的匹配见表6.10。

表6.10　清单项与定额项的匹配

清单项		定额项			
项目编码	项目名称	序号	定额编号	项目名称	定额来源
050301002001	堆砌石假山	1	05020006	高度4 m 以内堆砌湖石假山	《××省园林绿化工程消耗量定额》
050307016001	花池	1	05040012	砖砌园林小摆设	
		2	05040023	厚50 mm 以内花岗岩压顶	
		3	01100094	花岗岩(水泥砂浆粘贴)零星项目	《××省房屋建筑与装饰工程消耗量定额》

（4）定额工程量计算

1）假设堆砌石假山定额工程量同清单工程量为 69.29（t）

2）与花池相关的定额工程量计算得

砖砌花池壁的定额工程量同清单工程量为 2.15（m³）

花岗岩压顶定额工程量为

$$(5.4 + 0.4/2 \times 2) \times 3.1416 \times 0.4 = 7.29 (m^2)$$

花池壁外表面贴花岗岩面定额工程量为

$$(5.4 + 0.3 \times 2) \times 3.141\ 6 \times (0.4 - 0.05 - 0.05) = 5.64 (m^2)$$

（5）相关定额与单位估价表套用

拟套用的某省相关定额与单位估价表见表 6.11 和表 6.12。

表 6.11　相关定额与单位估价表节录（一）

工作内容：放样、选石、运石、调、制、运混凝土（砂浆），

堆砌，搭、拆脚手架、塞垫嵌缝、清理、养护。　　　　　　　　　　计量单位：t

定额编号			05020003	05020004	05020005	05020006
项目名称			堆砌湖石假山			
			高度（m 以内）			
			1	2	3	4
基价（元）			152.93	219.90	314.37	379.06
其中	人工费（元）		140.54	179.18	245.94	281.07
	材料费（元）		2.17	28.10	52.20	76.95
	机械费（元）		10.22	12.62	16.23	21.04
	名称	单位	单价（元）	数量		
材料	片石	m³	—	（0.100）	（0.100）	（0.060）	（0.060）
	条石	m³	—	—	—	（0.050）	（0.100）
	现浇混凝土 C15	m³	—	（0.060）	（0.080）	（0.080）	（0.100）
	湖石	t	—	（1.000）	（1.000）	（1.000）	（1.000）
	抹灰水泥砂浆 1:2.5	m³	—	（0.043）	（0.054）	（0.054）	（0.054）
	木脚手板	m³	1 780.00	—	0.002	0.003	0.004
	水	m³	5.60	0.170	0.170	0.170	0.250
	毛竹 75	根	5.00	—	0.130	0.180	0.260
	铁件	kg	4.30	—	5.000	10.000	15.000
	其他材料费	元	1.00	1.215	1.440	2.010	2.625
机械	汽车式起重机 8 t	台班	601.19	0.017	0.021	0.027	0.035

表6.12 相关定额与单位估价表节录(二)

工作内容:放样、选石、运石、调、制、运混凝土(砂浆),
堆砌,搭、拆脚手架,塞垫嵌缝、清理、养护。

计量单位:t

	定额编号			05020007	05020008	05020009	05020010
	项目名称			堆砌黄石假山			
				高度(m 以内)			
				1	2	3	4
	基价(元)			137.43	178.76	288.96	348.06
其中	人工费(元)			126.48	160.98	221.34	253.28
	材料费(元)			1.33	5.76	51.39	76.14
	机械费(元)			9.62	12.02	16.23	18.64
	名 称	单位	单价(元)	数量			
材料	条石	m³	—	—	—	(0.500)	(0.100)
	现浇混凝土 C15	m³	—	(0.060)	(0.080)	(0.080)	(0.100)
	黄石	t	—	(1.000)	(1.000)	(1.000)	(1.000)
	抹灰水泥砂浆1:2.5	m³	—	(0.043)	(0.054)	(0.054)	(0.054)
	木脚手板	m³	1 780.00	—	0.002	0.003	0.004
	水	m³	5.60	0.170	0.170	0.170	0.250
	毛竹75	根	5.00	—	0.130	0.180	0.260
	铁件	kg	4.30	—	—	10.000	15.000
	其他材料费	元	1.00	0.375	0.600	1.200	1.815
机械	汽车式起重机8 t	台班	601.19	0.016	0.020	0.027	0.031

表6.13 相关定额与单位估价表节录(三)

工作内容:调、运、铺砂浆,运砖,钢筋制安等。

计量单位:m³

	定额编号			05040012
	项目名称			砖砌园林小摆设
	基价(元)			290.30
其中	人工费(元)			287.46
	材料费(元)			1.25
	机械费(元)			1.59
	名 称	单位	单价(元)	数量
材料	M5 水泥砂浆	m³	—	(0.265)
	HPB300 钢筋 Φ10 以内	t	—	(0.040)
	标准砖 240×115×53(mm)	千块	—	(0.531)
	其他材料费	元	1.00	1.245
机械	灰浆搅拌机400 L	台班	93.47	0.017

表 6.14　相关定额与单位估价表节录（四）

工作内容:清理基层、调运砂浆、基层刷浆;镶贴块料面层、刷黏结剂、切割面料;
磨光、擦缝、打腊养护等。

计量单位:m²

定额编号				05040023	05040024	05040025	05040026
项目名称				花岗岩压顶		异形花岗岩压顶	
				厚50 mm 以内	厚100 mm 以内	厚50 mm 以内	厚100 mm 以内
基价(元)				36.36	46.22	47.33	57.18
其中	人工费(元)			31.62	34.81	41.71	45.93
	材料费(元)			3.87	10.54	4.75	10.38
	机械费(元)			0.87	0.87	0.87	0.87
	名称	单位	单价(元)	数量			
材料	花岗岩板 δ=50	m²	—	(0.010)	—	(0.010)	—
	抹灰水泥砂浆 1:2.5	m³	—	(0.054)	(0.054)	(0.054)	(0.054)
	花岗岩板 δ=100	m²	—	—	(0.010)	—	(0.010)
	其他材料费	元	1.00	3.870	10.540	4.750	10.380
机械	灰浆搅拌机 400 L	台班	86.90	0.010	0.010	0.010	0.010

表 6.15　相关定额与单位估价表节录（五）

工作内容:清理基层、调运砂浆、基层刷浆;镶贴块料面层、刷粘结剂、切割面料;
磨光、擦缝、打腊养护等。

计量单位:100 m²

定额编号			01100094
项目名称			花岗岩(水泥砂浆粘贴)零星项目
基价(元)			4 590.63
其中	人工费(元)		4 015.50
	材料费(元)		398.65
	机械费(元)		176.48
名称	单位	单价(元)	数量
花岗岩板 δ=20	m²	—	(106.000)
水泥砂浆 1:2.5	m³	—	(0.780)
水泥砂浆 1:1	m³	—	(0.550)
材料　白水泥	kg	0.50	17.500
石材切割锯片	片	23.00	2.990
棉纱头	kg	10.60	1.110
水	m³	5.60	0.780

	名称	单位	单价(元)	数量
材料	XJ-Ⅲ粘结剂	kg	5.20	46.700
	清油	kg	7.80	0.590
	煤油	kg	8.00	4.440
	松节油	kg	6.75	0.670
	草酸	kg	2.00	1.110
	硬白蜡	kg	5.20	2.940
机械	灰浆搅拌机200 L	台班	86.90	0.240
	石料切割机	台班	34.66	4.490

(6)未计价材料价格确定

询价知,当地相关未计价材料的价格见表6.16。

表6.16 相关未计价材料的价格

项次	材料品名、规格	计量单位	单价(元)
1	片石	m^3	120.00
2	条石	m^3	160.00
3	现浇混凝土C15	m^3	265.00
4	湖石	t	360.00
5	黄石	t	320.00
6	1:2.5水泥砂浆	m^3	320.00
7	花岗岩板δ=50	m^2	330.00
8	花岗岩板δ=20	m^2	180.00
9	1:1水泥砂浆	m^3	340.00
10	M5水泥砂浆	m^3	320.00
11	HPB300钢筋 Φ10以内	t	4070.00
12	标准砖240×115×53(mm)	千块	450.00

(7)拟套用定额材料费单价(增加未计价材后)计算如下。

05020006湖石堆砌假山(高度4 m以内)材料费单价计算得

$$76.95 + 120 \times 0.060 + 160 \times 0.100 + 265.00 \times 0.100 + 360 \times 1.00 + 320 \times 0.054$$
$$= 503.93(元/m^3)$$

05040012砖砌园林小摆设(花池)材料费单价计算得

$$1.25 + 320 \times 0.265 + 4070 \times 0.040 + 450 \times 0.531 = 487.80(元/m^3)$$

05040023花岗岩压顶(厚50 mm以内)材料费单价计算得

$$3.87 + 330 \times 1.010 + 320 \times 0.054 = 354.45(元/m^2)$$

01100094花岗岩(水泥砂浆黏贴)零星项目材料费单价计算得

$$398.65 + 180 \times 106.000 + 320 \times 0.780 + 340 \times 0.550 = 19\,915.25(元/100m^2)$$

(8)综合单价计算

假山及花池两个清单分项的综合单价计算见表6.17。

(9)分部分项工程费计算

分部分项工程费计算见表6.18。

表 6.17　综合单价分析表

序号	项目编码	项目名称	计量单位	工程量	定额编号	定额名称	定额单位	数量	清单综合单价组成明细							综合单价
									单价(元)			合价(元)				
									人工费	材料费	机械费	人工费	材料费	机械费	管理费和利润	
1	050301002001	堆砌石假山	t	53.84	05020006	堆砌湖石假山(高度4m以内)	t	1.000	281.07	503.93	21.04	281.07	503.93	21.04	121.58	927.62
2	050307016001	花池	m³	2.15	5040012	砖砌园林小摆设	m³	1.0000	287.46	487.80	1.59	287.46	487.80	1.59	123.66	2 936.56
					05040023	花岗岩压顶(厚50 mm以内)	m²	3.3907	31.62	354.45	0.87	107.21	1 201.83	2.95	46.20	
					01100094	花岗岩(水泥砂浆粘贴)零星项目	100 m²	0.026 2	4 015.5	19 915.25	176.48	105.34	522.43	4.63	45.45	
						小计						500.01	2 212.06	9.17	215.32	

表 6.18　分部分项工程清单与计价表

序号	项目编码	项目名称	项目特征描述	计量单位	工程量	金额（元）				
						综合单价	合价	人工费	机械费	暂估价
									其中	
1	050301002001	堆砌石假山	1. 堆砌高度：3.8 m 2. 石料种类：湖石 3. 混凝土强度等级：C15 细石混凝土 4. 砂浆强度等级，配合比：水泥砂浆 1:2.5	t	53.84	927.62	49 943.06	15 132.81	1 132.79	
2	050307016001	花池	1. 土质类别：无挖土 2. 池壁材料种类、规格：MU10 标准砖 240 mm×115 mm×53 mm 3. 混凝土，砂浆强度等级，配合比：M5 水泥砂浆 4. 饰面材料种类：1:2.5 水泥砂浆贴 400 mm×470 mm×50 mm 火烧芝麻白花岗岩压顶；1:2.5 水泥砂浆贴 200 mm×50 mm×20 mm 火烧黑色花岗岩侧壁	m³	2.15	2 936.56	6 313.60	1 075.02	19.72	

【例6.2】 某景观绿化中的花架如图6.3至图6.6所示,试求木花架部分相应工程量、编制工程量清单并计算综合单价。

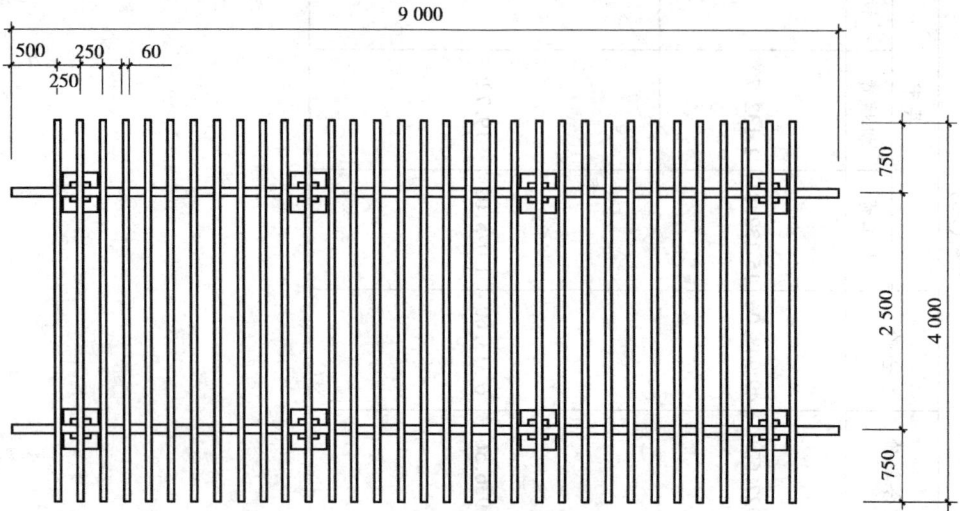

图6.3 木廊架顶平面图

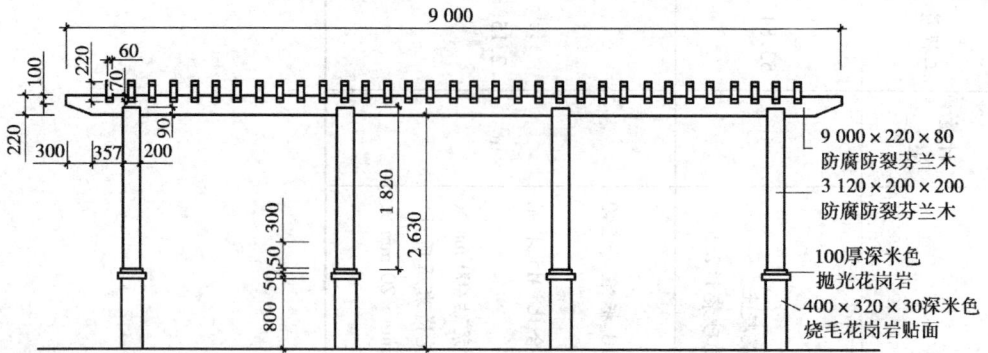

图6.4 木廊架立面图一

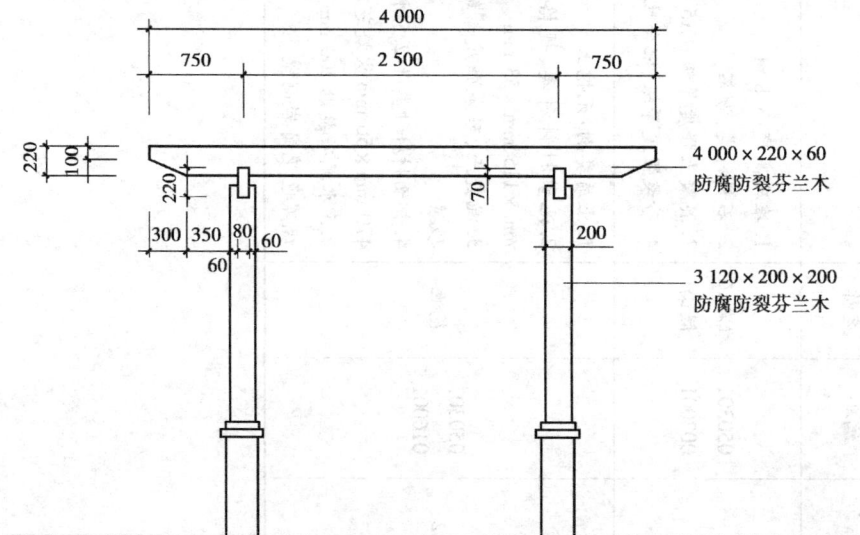

图6.5 木廊架立面图二

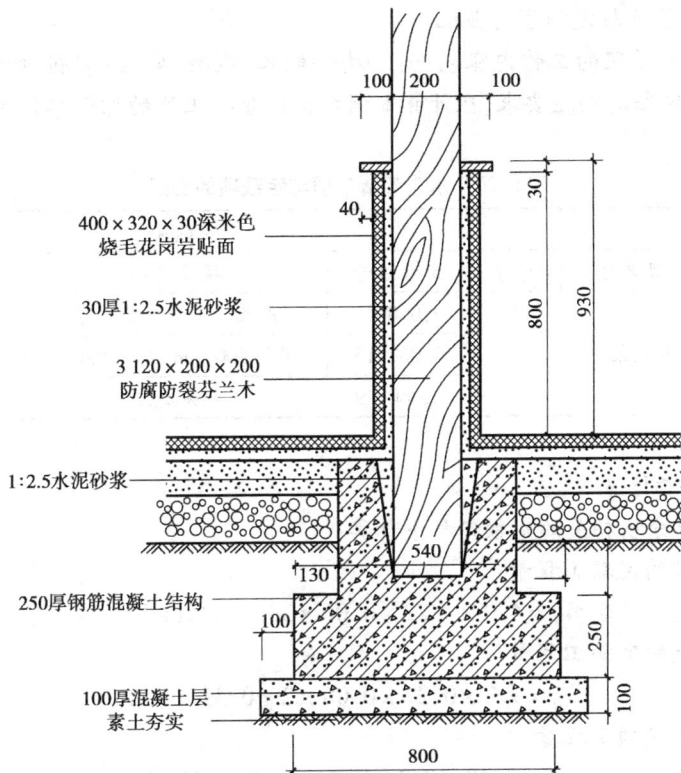

图6.6　木廊架基础大样

【解】　(1)木花架清单工程量计算

根据规定,木花架(柱、梁)清单工程量"按设计图示截面乘长度(包括榫长)以体积计算"。

1)木花架短梁

$$总根数=(9.0-0.50\times2)/0.25+1=33(根)$$
$$V_1=4.0\times0.22\times0.06\times33=1.74(\mathrm{m}^3)$$

2)木花架长梁

$$V_2=9.0\times0.22\times0.08\times2=0.317(\mathrm{m}^3)$$

3)木花架柱

$$V_3=3.12\times0.2\times0.2\times8=0.998(\mathrm{m}^3)$$

木花架清单工程量为

$$V=V_1+V_2+V_3=1.74+0.317+0.998=3.055(\mathrm{m}^3)$$

(2)编制工程量清单见表6.19。

表6.19　木花架工程量清单

序号	项目编码	项目名称	项目特征描述	计量单位	工程量
1	050304004001	木花架	1.木材种类:防腐防裂芬兰木 2.截面为:短梁220 mm×60 mm,梁长4 m,共32根;长梁220 mm×80 mm,梁长9 m,共2根;木柱200 mm×200 mm,高3.12 m,共8根 3.连接方式:铁件连接 4.防护材料:表面涂刷防腐油	m³	3.06

163

（3）木花架清单项与定额项的匹配。

根据表6.4知，花架的工作内容包括：①构件制作、运输、安装；②刷防护材料、油漆。再结合表6.19项目特征的描述要求，在计算本例木花架分项工程的综合单价时，应匹配的定额项见表6.20。

表6.20　木花架清单项与定额项的匹配

清单项		定额项			
项目编码	项目名称	序号	定额编号	项目名称	定额来源
050304 004001	木花架	1	01060017	周长1 m以内方木梁	《××省房屋建筑与装饰工程消耗量定额》
		2	01060013	周长800 mm以内方木柱	
		3	01060019	方木檩木	

（4）定额工程量计算

与木花架清单分项相关的定额工程量计算：

1）木花架短梁的定额工程量

$$V_1 = 4.0 \times 0.22 \times 0.06 \times 33 = 1.74 (\text{m}^3)$$

2）木花架长梁的定额工程量

$$V_2 = 9.0 \times 0.22 \times 0.08 \times 2 = 0.317 (\text{m}^3)$$

3）木花架柱的定额工程量

$$V_3 = 3.12 \times 0.2 \times 0.2 \times 8 = 0.998 (\text{m}^3)$$

（5）相关定额与单位估价表

拟套用的某省相关定额与单位估价表见表6.21至表6.23。

表6.21　木花架相关定额与单位估价表节录（一）

计量单位：m^3

定额编号				01060011	01060012	01060013	01060014
项目名称				圆木柱		方木柱	
				直径（mm）		周长（mm）	
				240以内	240以外	800以内	800以外
基价（元）				1 603.88	1 758.73	1 031.70	883.23
其中	人工费（元）			1 552.28	1 722.20	995.76	858.93
	材料费（元）			12.59	12.31	16.35	16.26
	机械费（元）			39.01	24.22	19.59	8.04
	名称	单位	单价（元）	数量			
材料	原木	m^3	—	(1.155)	(1.118)	—	—
	一等板枋材	m^3	—	—	—	(1.099)	(1.091)
	圆钉（综合）	kg	5.41	0.700	0.700	0.700	0.700
	其他材料费	元	1.00	8.800	8.520	12.560	12.470
机械	汽车式起重机8 t	台班	601.19	0.035	0.020	0.018	0.007
	木工平刨床500 mm	台班	25.35	0.709	0.481	0.346	0.151

表6.22 木花架相关定额与单位估价表(二)

计量单位:m³

定额编号			01060015	01060016	01060017	01060018
项目名称			圆木梁		方木梁	
			直径(cm)		周长(m)	
			24 以内	24 以外	1 以内	1 以外
基价(元)			2 282.39	2 528.19	1 567.67	1 354.53
其中	人工费(元)		2 226.73	2 470.43	1 530.56	1 320.21
	材料费(元)		17.10	13.77	23.84	20.70
	机械费(元)		38.56	43.99	13.27	13.62
	名称	单位	单价(元)	数量		
材料	原木	m³	—	(1.142)	(1.217)	—	—
	一等板枋材	m³	—	—	—	(1.100)	(1.093)
	铁件	kg	4.30	0.500	0.500	0.500	0.500
	圆钉(综合)	kg	5.41	—	—	0.550	0.550
	防腐油	kg	5.00	1.230	0.620	1.230	0.620
	其他材料费	元	1.00	8.800	8.520	12.560	12.470
机械	汽车式起重机8 t	台班	601.19	0.035	0.041	0.019	0.020
	木工平刨床500 mm	台班	25.35	0.691	0.763	0.073	0.063

表6.23 木花架相关定额与单位估价表(三)

计量单位:m³

定额编号		01060019	01060020	01060021
项目名称		檩木		檩木上钉椽子
		方木	圆木	
基价(元)		579.67	1 000.04	413.52
其中	人工费(元)	516.92	947.66	365.65
	材料费(元)	56.55	41.25	40.14
	机械费(元)	6.20	11.13	7.73

续表

名称		单位	单价(元)	数量			
材料	原木	m³	—	—	(1.050)	—	
	一等板枋材	m³	—	(1.175)	(0.105)	(1.049)	
	圆钉(综合)	kg	5.41	4.510	3.380	7.420	
	防腐油	kg	5.00	3.890	2.850	—	
	其他材料费	元	1.00	12.700	8.710		
机械	汽车式起重机8 t	台班	601.19	0.008	0.015		
	木工平刨床500 mm	台班	25.35	0.026	0.047	0.305	
	木工圆锯机500 mm	台班	27.02	0.027	0.034	—	

(6)未计价材料价格确定

询价知,当地相关未计价材料的价格见表6.24。

表6.24　相关未计价材料的价格

项次	材料品名、规格	计量单位	单价(元)
1	防腐防裂芬兰木	m³	6 800.00

(7)定额材料费单价计算

拟套用定额材料费单价(增加未计价材后)计算如下。

01060013 周长800 mm 以内的方木柱的材料费单价计算得

$$16.35 + 6\ 800 \times 1.099 = 7\ 489.55\ (元/m^3)$$

01060017 周长1 m 以内方木梁的材料费单价计算得

$$23.84 + 6\ 800 \times 1.100 = 7\ 503.84(元/m^2)$$

01060019 方檩木的材料费单价计算得

$$56.55 + 6\ 800 \times 1.175 = 8\ 046.55(元/m^2)$$

(8)综合单价计算

木花架分项工程综合单价计算见表6.25。

表 6.25　综合单价分析表

清单综合单价组成明细

序号	项目编码	项目名称	计量单位	工程量	定额编号	定额名称	定额单位	数量	单价（元）				合价（元）				综合单价
									人工费	材料费	机械费	管理费和利润	人工费	材料费	机械费	管理费和利润	
1	050304004001	木花架	m³	3.055	01060013	周长 800 mm 以内方木柱	m³	0.326 7	995.76	7 489.55	19.59		325.29	2 446.67	6.40	140.10	8 933.27
					01060017	周长 1 m 以内方木梁	m³	0.103 8	1 530.56	7 503.84	13.27		158.82	778.63	1.38	68.34	
					01060019	方木檩木	m³	0.569 6	516.92	8 046.55	6.2		294.42	4 582.98	3.53	126.72	
						小计							778.53	7 808.28	11.31	335.16	

（9）木花架项目分部分项工程费计算见表 6.26。

表 6.26　分部分项工程量清单与计价表

序号	项目编码	项目名称	项目特征描述	计量单位	工程量	综合单价	合价	人工费	机械费	暂估价
						金额/元		其中		
1	050304004001	木花架	1. 木材种类：防腐防裂芬兰木 2. 截面为：梁 220 mm × 60 mm，柱 200 mm × 200 mm 3. 连接方式：铁件连接 4. 防护材料：表面涂刷防腐油	m³	3.055	8 933.27	27 291.14	2 378.41	34.55	

思考与练习

某绿地内有一黄石假山景观如图 6.7 至图 6.9 所示，其水平投影面积为 42.5 m²，试列出假山的清单项目，计算相应工程量，并按当地的定额计算综合单价。

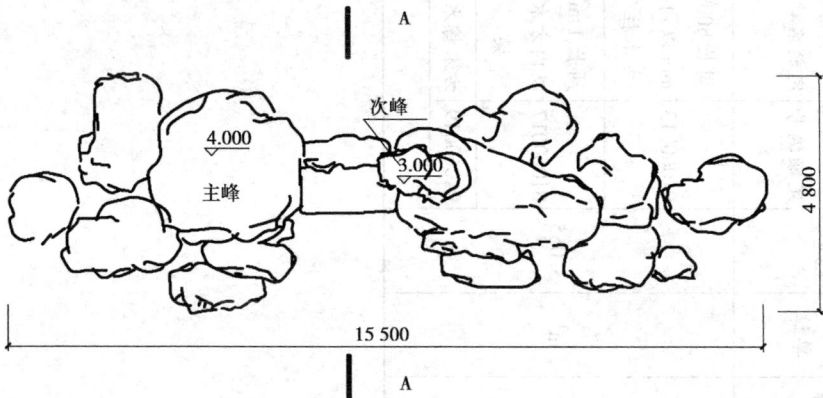

图 6.7　黄石假山平面图

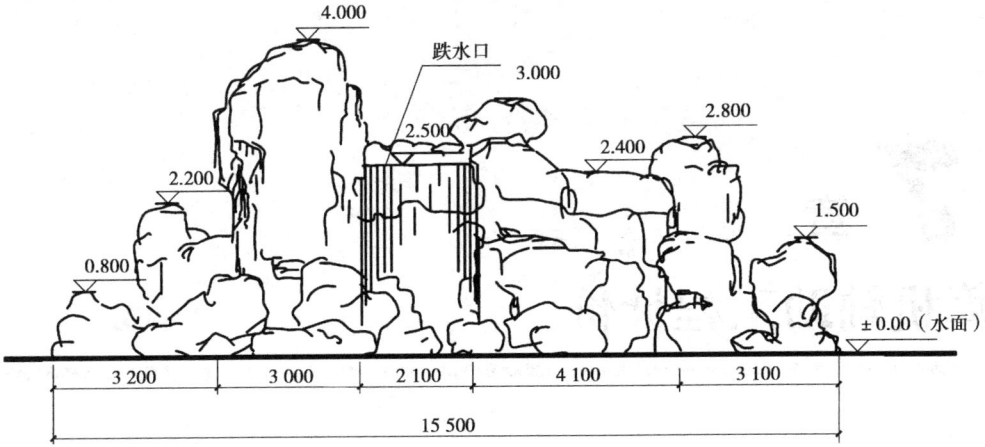

图 6.8　黄石假山立面图

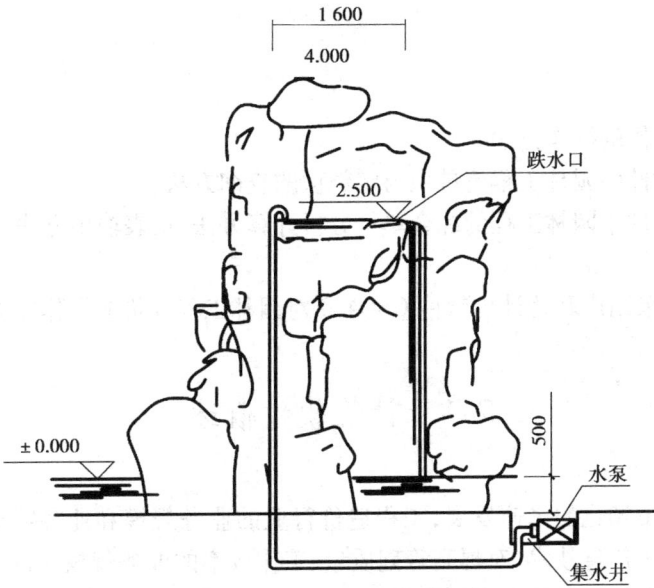

图 6.9　*A—A* 剖面图

第 **7** 章
计算机辅助工程计价

教学要求：

- 熟悉计价软件的操作方法。
- 掌握计价软件中园林工程清单项与定额项的查询方法。
- 掌握计价软件中园林工程的综合单价分析计算方法、报表输出方法。

本章主要讨论采用广联达计价软件 GBQ4.0 对园林工程计价的操作方法。

7.1 计价软件概述

随着建筑产业市场化的飞速发展,工程造价行业的业务规模和业务需求也快速扩大,广大造价人员通过利用信息技术,对提高管理质量、工作效率的业务规模不断地增强,为计算机技术的应用创造了良好的条件。而计算机技术的飞速发展为工程造价行业准备了充足的技术保证,工程造价软件的问世,一举打破了手工计算的难题,成为工程师们的必备工具。在工程量清单招标、定标的新时期,更是要求造价从业人员掌握技术、经济、管理、商务、合同、计算机软件应用等全方位的专业能力。

广联达计价软件 GBQ4.0 是由北京广联达软件技术有限公司研发,是广联达工程造价系列软件中的一款计价软件,它以其简单的操作界面、输入简便易学、界面友好、功能完善、计算速度快、结果精度较高等卓越功能,成为全国应用范围最广、覆盖面最大、造价业务必备的软件工具。

7.1.1 广联达计价软件 GBQ4.0 的定位

广联达计价软件 GBQ4.0 是广联达推出的融计价、招标管理、投标管理于一体的全新计价软件。旨在帮助工程造价人员解决电子招投标环境下的工程计价、招投标业务问题,使计价更高效、招标更便捷、投标更安全。

7.1.2　广联达计价软件 GBQ4.0 的特点

1. 计价方便,全面多样

软件中包含清单与定额两种计价方式,并提供"清单计价转定额计价"功能,满足不同工程的计价要求。软件覆盖全国 30 多个省市的定额,并支持不同地区、不同专业的定额库,可以说"学会一个软件,会做全国预算"。

2. 组价快速,调价方便

"复制组价到其他清单"、"内容指引"等功能模块实现数据复用,快速组价;"多专业取费"功能智能地选择不同专业清单项的取费文件;提供"工程造价调整"、"统一调整人材机单价"功能,一次性调整单位工程造价或整个项目的投标报价。材料换算、标准换算、批量换算,提供多种换算方式,实现调价过程。

3. 报表处理,简便快速

"统一调整报表方案"功能,可以把本单位工程的报表格式快速复制给其他单位工程,实现快速调整报表格式;软件可以批量打印报表,并且可以设置报表打印范围,方便地打印所需要的报表;软件提供"批量导出 Excel",可以把需要的报表一次性导出为 Excel 格式或 PDF 格式。

4. 操作简单,设置灵活

"撤销与恢复"功能有效避免操作失误;"复制与粘贴"功能操作灵活,提高工作效率。工程文件存档路径可自由设置。导入 EXCEL 招标文件,不仅可自动识别分部行、清单行,而且可导入实体、措施及其他项目等 EXCEL 表格。

7.1.3　广联达计价软件 GBQ4.0 的操作流程

广联达计价软件的操作流程是:[启动软件]→[新建单位工程文件]→[工程概况]→[分部分项]→[措施项目]→[其他项目]→[人材机汇总]→[报表]。

7.2　软件新建工程操作

7.2.1　软件启动

按[开始]→[程序]→[广联达建设工程造价管理整体解决方案]→[广联达计价软件 GBQ4.0]→[进入新建工程界面]的顺序操作。

7.2.2　新建工程文件

如图 7.1 所示,选择计价方式为"清单计价",单击"新建项目",在图 7.2 中选择计价方式为"招标",选择地区标准,输入项目名称和编号,单击确定。

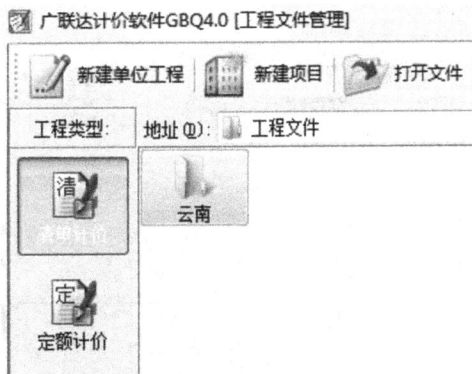

图 7.1　计价方式选择窗口

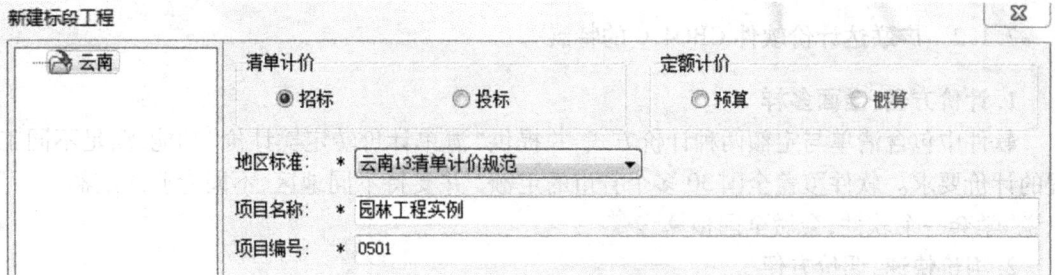

图 7.2　新建招标工程对话框

选中新建项目工程后单击鼠标右键,单击新建单项工程,如图 7.3 所示,弹出对话框中输入单项工程名称,单击确定。然后继续在单项工程下新建单位工程,如图 7.4 所示。

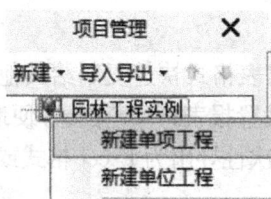

图 7.3　新建单项工程界面

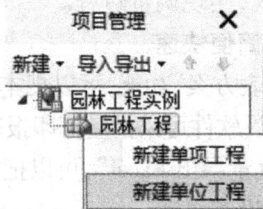

图 7.4　新建单位工程界面

单击"按向导新建",通过窗口中的下拉三角菜单选择清单库,清单专业、定额库、定额专业、模板类别,输入工程名称,选择工程类别和纳税地区等工程基本信息,单击"确定",完成新建项目,如图 7.5 所示。

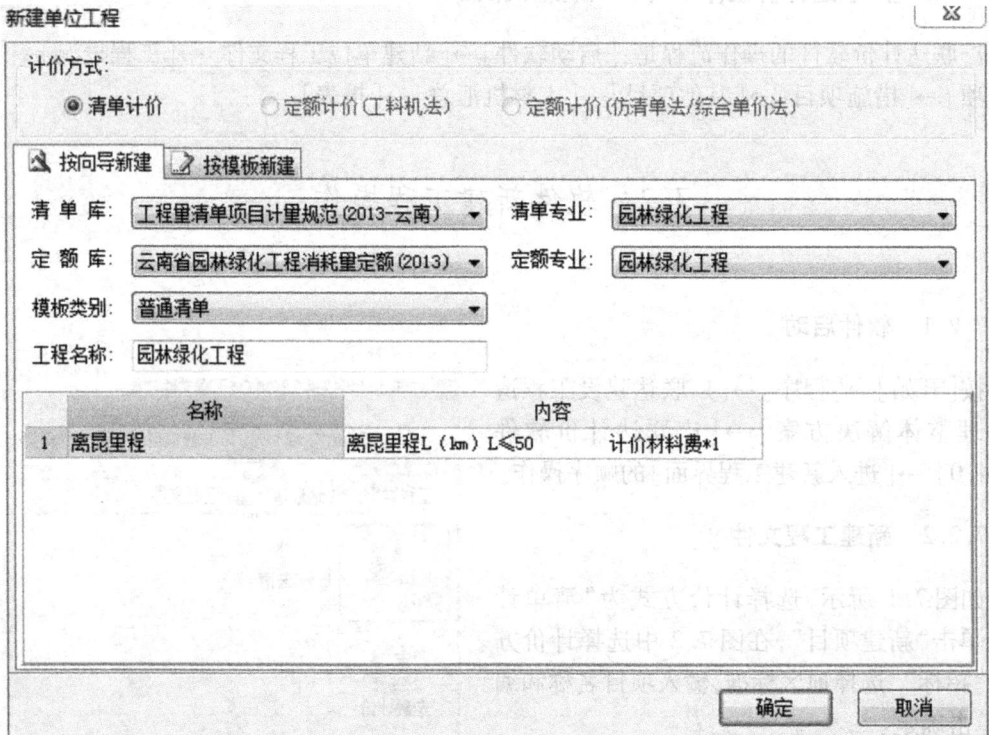

图 7.5　新建清单计价单位工程对话框

双击选择某个单位工程,例如"园林绿化工程",进入清单文件编制,如图7.6所示,

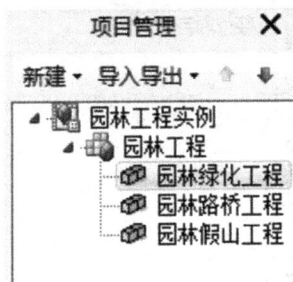

图7.6 进入编辑窗口

7.2.3 工程概况

分别打开[工程信息]、[工程特征],输入相关内容,软件自动将所输入的内容填入报表相关信息中,如图7.7所示。

图7.7 工程信息对话框

除了系统提供的常规工程信息外,还可以根据工程的具体特点增加信息项。

方法:在需要添加处单价鼠标右键,如图7.8所示,单击"添加信息项"或"插入信息项",然后在信息项空白处输入名称和内容。

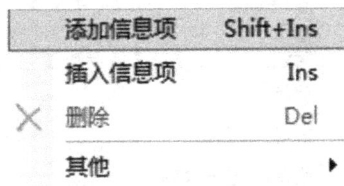

图7.8 添加或插入信息项

7.3 分部分项工程费计算操作

如图7.9所示,单击导航栏"分部分项",以便套用清单项和定额项,可进行分部分项工程费的计算。清单编辑窗口,如图7.10所示。

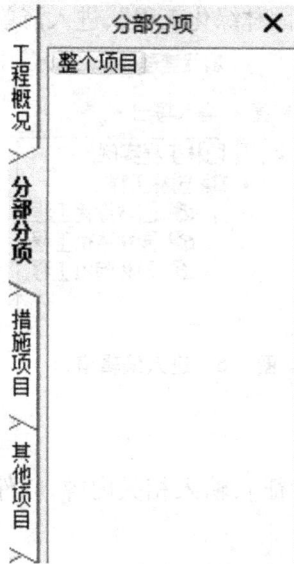

图7.9 分部分项工程量清单导航栏

图7.10 清单编辑窗口

7.3.1 查询清单项和定额项

(1)查询清单库

在清单编辑窗口中,单击"查询"倒三角菜单,单击"查询清单",出现清单查询的窗口,如图7.11所示。

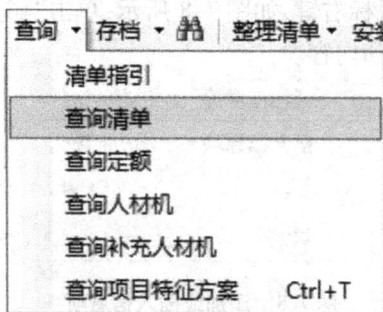

图7.11 查询清单项

软件提供了两种查询输入方法。

①按章节查询

在左边的章节中选择章节,在右面找到要输入的清单项,双击需要的清单项或者按回车键,该条清单就被输入到当前清单编辑窗口中,如图7.12所示。可以连续双击多条清单,连续输入。

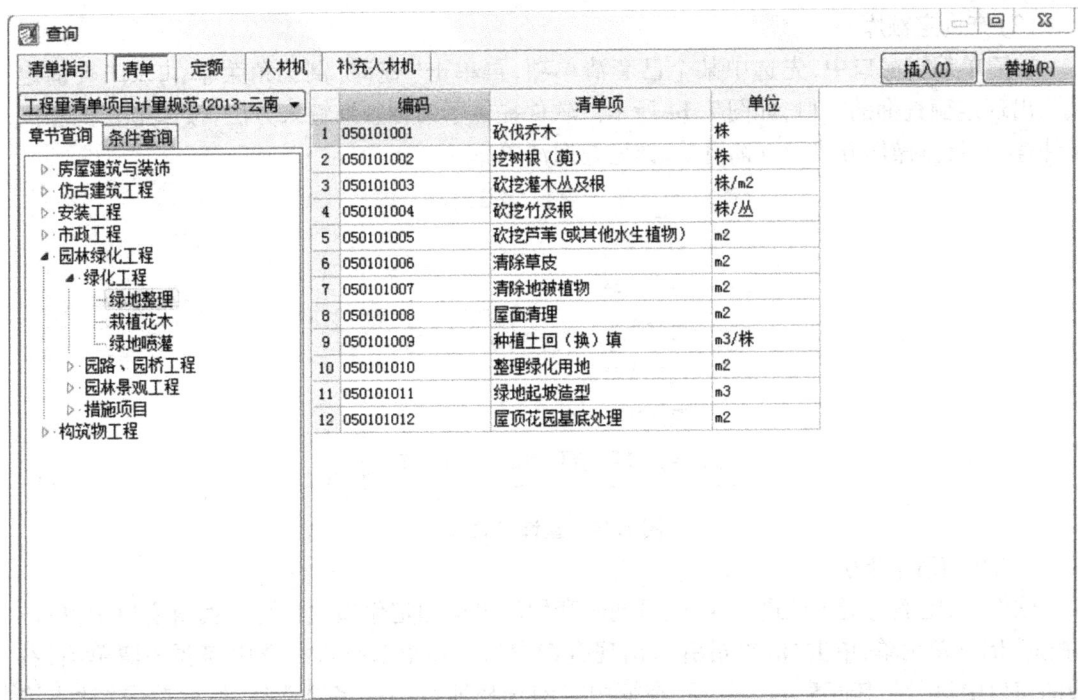

图7.12 章节查询对话框

②按条件查询

如图7.13所示,单击"条件查询",在查询窗口的查询条件中输入需要查询的清单名称,单击"查询",查询结果在右边的窗口中显示,鼠标双击需要的清单项或者按回车键即可。

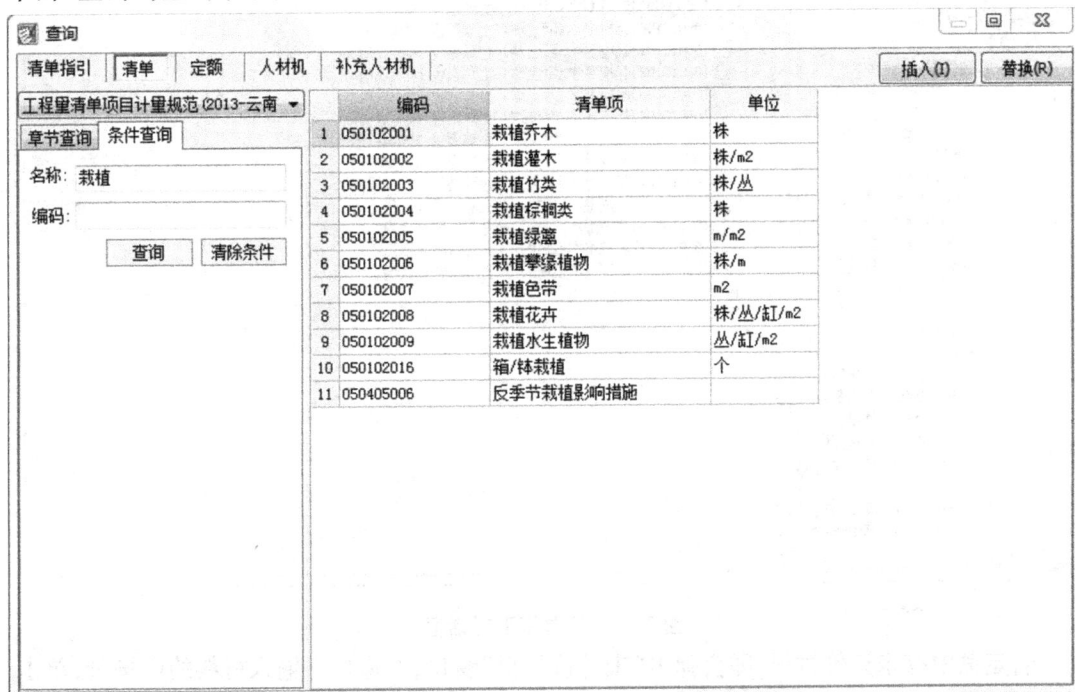

图7.13 条件查询对话框

（2）查询定额库

在清单编辑窗口中，先选中某个已套清单项，再单击"查询"倒三角菜单，单击"查询定额"，出现定额查询的窗口，如图7.14所示。软件提供了两种查询输入方法，按章节查询和按条件查询，具体操作方法同查询清单，详见查询清单库。

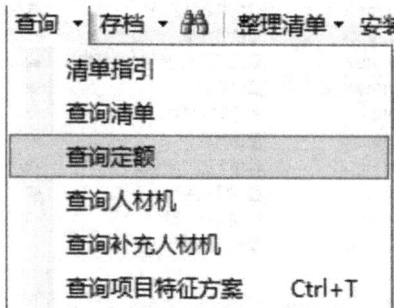

图7.14　查询定额项

（3）查询清单指引

软件中，定额与清单已进行匹配，可同时套用清单项和定额项。在清单编辑窗口中，单击"查询"倒三角菜单，单击"清单指引"，出现查询窗口。在章节查询中选中需要的清单项，右边的窗口中显示与其匹配的定额项，在框中打勾选择即可进行多项选择，最后单击"插入清单"，如图7.15所示。

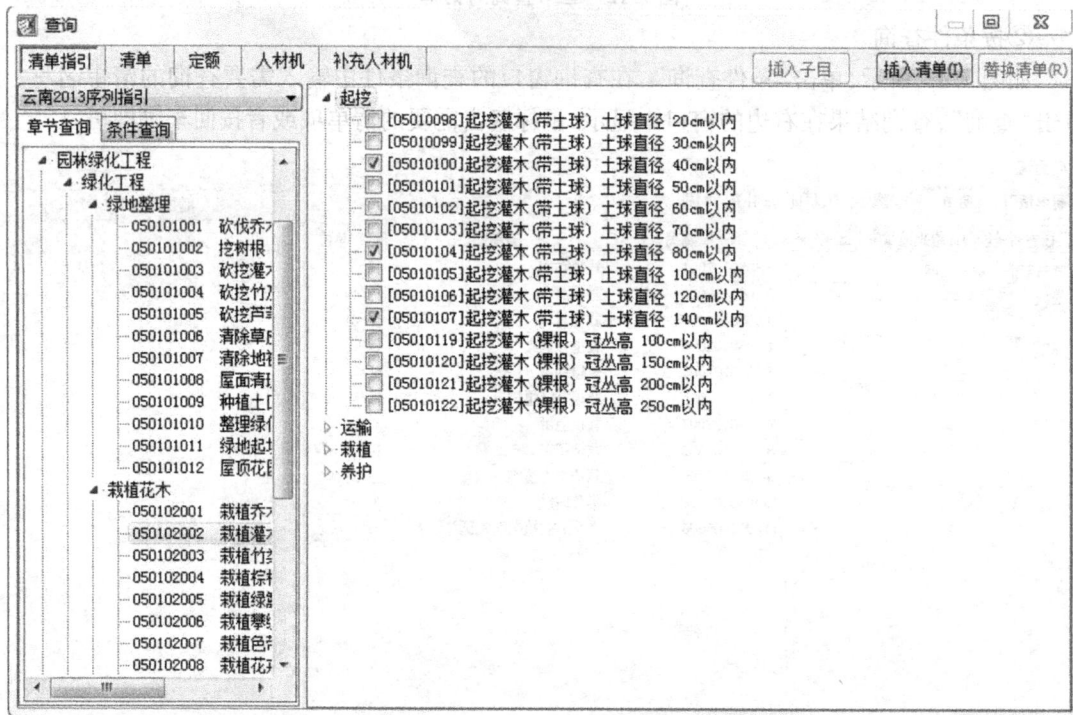

图7.15　清单指引对话框

若定额中有未计价材料，即会弹出"未计价材料"窗口，在窗口中输入材料的市场价，单击确定，完成定额套用。如图7.16所示。

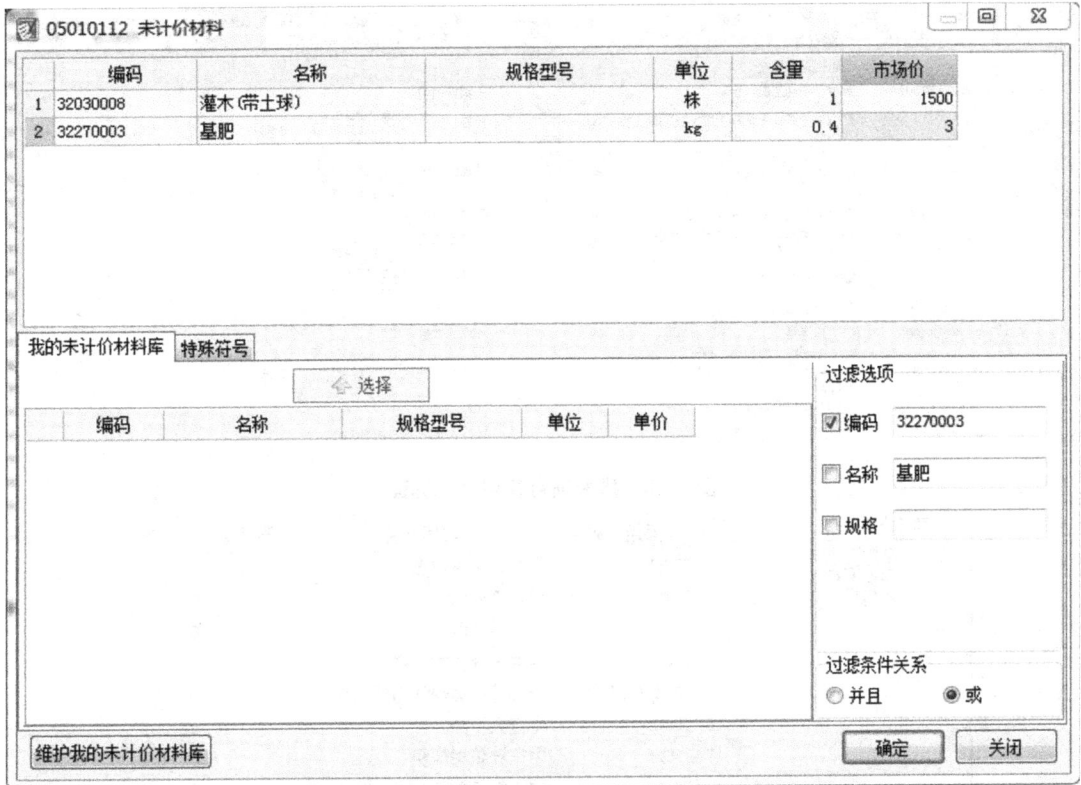

图7.16　未计价材对话框

7.3.2　输入清单量和定额量

清单项与定额项套用完成之后,需要输入工程量。在工程量表达式处输入按清单规则计算的工程量,如果定额的工程量计算规则和清单相同,则在定额行的工程量表达式中出现"QDL",表示定额的工程量同清单的工程量,直接应用即可;如果定额的工程量计算规则与清单不同,则在工程量表达式处输入按定额规则计算的工程量。如图7.17所示。

	编码	类别	名称	专业	项目特征	单位	工程量表达式	含量	工程量	单价	合价
	⊟		整个项目								
1	⊟ 050102002001	项	栽植灌木			株	50		50		
	⊞ 05010112	定	栽植灌木(带土球) 土球直径 60cm以内	园林		株	QDL	1	50	37.8	1890
	05010394	定	灌木二级养护 高度 200cm以内	园林		株·年	QDL	1	50	9.77	488.5
	05010248	定	草绳绕树干 胸径 10cm以内	园林		m	100	2	100	7.03	703

图7.17　工程量表达式输入工程量

7.4　措施项目费计算操作

措施项目中的总价措施费用,软件是自动完成计算,只需单击导航栏"措施项目"即可完成费用计算。如图7.18所示。软件中可调整措施项目的"计算基数"和"费率",选中计算基数后的三点按钮,双击选择所需费用代码,即可完成计算公式编辑,如图7.19所示。

序号	类	名称	单位	项目特征	组价方式	计算基数	费率(%	工程	工程	综合单价	综合合价
		措施项目									**444.41**
	一	总价措施项目费									444.41
1	050405001001	安全文明施工费（园林）	项		子措施组价			1	1	302.25	302.25
2	1.1	环境保护费、安全施工费、文明施工费（园林）	项		计算公式组价	DERGF-DLTSF RGF+（DEJXF-… TSFDEJXF）*8	10.22	1	1	244.19	244.19
3	1.2	临时设施费（园林）	项		计算公式组价	DERGF-DLTSFDE RGF+（DEJXF-DL TSFDEJXF）*8%	2.43	1	1	58.06	58.06
4	050405001002	安全文明施工费（独立土石方）	项		子措施组价			1	1	0	0
5	2.1	环境保护费、安全施工费、文明施工费（独立土石方）	项		计算公式组价	DLTSFDERGF+DL TSFDEJXF*8%	1.6	1	1	0	0
6	2.2	临时设施费（独立土石方）	项		计算公式组价	DLTSFDERGF+DL TSFDEJXF*8%	0.4	1	1	0	0
7	050405002001	夜间施工增加费	项		计算公式组价			1	1	0	0
8	050405004001	二次搬运费	项		计算公式组价			1	1	0	0
9	050405005001	冬、雨季施工增加费，生产工具用具使用费，工程定位复测，工程点交、场地清理费	项		计算公式组价	DERGF+DEJXF*8%	5.95	1	1	142.16	142.16
10	050405008001	已完工程及设备保护费	项		计算公式组价			1	1	0	0
11	031301009001	特殊地区施工增加费	项		计算公式组价	DERGF+DEJXF	0	1	1	0	0

图7.18　措施项目费用计算界面

费用代码	费用名称	费用金额
11　JGCLF	甲供计价材料费	0
12　JGJXF	甲供机械费	0
13　JGSBF	甲供设备费	0
14　JGZCF	甲供未计价材料费	0
15　FBFX_RLDLJC	分部分项燃料动力费价差	0
16　JDRGF	甲定人工费	0
17　JDCLF	甲定计价材料费	0
18　JDJXF	甲定机械费	0
19　JDSBF	甲定设备费	0
20　DERGF	分部分项定额人工费	2379.5
21　DEJXF	分部分项定额机械费	122.5
22　JDZCF	甲定未计价材料费	0
23　CSXMRGF	措施项目人工费	0
24　CSXMJXF	措施项目机械费	0

费用代码
　分部分项
　措施项目
　人材机

图7.19　措施项目计算基数调整

7.5　其他项目费计算操作

一般招标文件规定的暂列金额和暂估价等费用不允许更改，投标人部分费用如计日工、总承包服务费等在取费基数和费率处输入数据即可。如图7.20所示。

	序号	名称	计算基数	费率(%)	金额	费用类别	不可竞争费	不计入合价	备注	局部汇总
新建独立费	1	其他项目			0					
其他项目	2	1	暂列金额	暂列金额		0	暂列金额			明细详见表4.11-1	
暂列金额	3	2	暂估价	专业工程暂估价		0	暂估价			
专业工程暂估价	4	2.1	材料暂估价	ZGJCLJU		0	材料暂估价		✓	明细详见表4.11-2	
计日工费用	5	2.2	专业工程暂估价	专业工程暂估价		0	专业工程暂估价		✓	明细详见表4.11-3	
总承包服务费	6	3	计日工	计日工		0	计日工			明细详见表4.11-4	
签证及索赔计价	7	4	总承包服务费	总承包服务费		0	总承包服务费			明细详见表4.11-5	

图7.20　其他项目费用计算界面

7.6　人材机汇总

单击导航栏"人材机汇总",可查看人工、材料、机械情况,如果需要调整,可按当地计价规则和当地的材料市场价格,修改人材机的市场价,软件按输入的市场价进行计算。如图 7.21 所示。

市场价合计：78141.59　　　　价差合计：0.00

	编码	类别	名称	规格型号	单位	数量	预算价	市场价	价格来源	市场价合计
1	40010061	人	人工费		元	2379.5	1	1		2379.5
2	05170006	计价材	草绳		kg	200	2.3	2.3		460
3	14330036	计价材	药剂		kg	1.9	16.5	16.5		31.35
4	32270002	计价材	肥料(复合肥)		kg	13.2	3.7	3.7		48.84
5	34110019	计价材	水		m3	7	5.6	5.6		39.2
6	14030008	机	汽油		kg	7.5525	9.1	9.1		68.73
7	40010023	机	人工费		元	16.61	1	1		16.61
8	99110138	机	洒水车罐容量	4000L	台班	0.25	490.78	490.78		122.7
9	99460187	机	折旧费及检修费等		元	37.3575	1	1		37.36
10	3203000801	未计价	灌木(带土球)		株	50	1500	1500		75000
11	3227000301	未计价	基肥		kg	20	3	3		60

图 7.21　人材机汇总界面

7.7　费用汇总

单击导航栏"费用汇总",可查看分部分项工程量清单计价合计、措施项目清单计价合计、其他项目清单计价合计、规费和税金的费用,若需调整,可按当地计价规则修改计算基数和费率。如图 7.22 所示。

	序号	费用代号	名称	计算基数	基数说明	费率(%)	金额	费用类别	备注	输出
1	1	A	分部分项工程	FBFXHJ	分部分项合计		79,169.00	分部分项合计	Σ(分部分项工程清单工程量*相应清单项目综合单价)	☑
2	1.1	A1	人工费	FBFX_DERGF	分部分项定额人工费		2,379.50		Σ(分部分项工程中定额人工费)	☑
3	1.2	A2	材料费	CLF+ZCF	分部分项计价材料费+分部分项未计价材料费		75,639.50			☑
4	1.3	A3	设备费	SBF	分部分项设备费		0.00			☑
5	1.4	A4	机械费	FBFX_DEJXF	分部分项定额机械费		122.50			☑
6	1.5	A5	管理费和利润	FBFX_GLF+FBFX_LR	分部分项管理费+分部分项利润		1,027.50			☑
7	2	B	措施项目	CSXMHJ	措施项目合计		444.41	措施项目费	Σ(单价措施项目清单工程量*清单综合单价)	☑
8	2.1	B1	单价措施项目	JSCSF	单价措施项目合计		0.00			☑
9	2.1.1	B11	人工费	JSCS_DERGF	单价措施定额人工费		0.00		Σ(单价措施项目中定额人工费)	☑
10	2.1.2	B12	材料费	JSCS_CLF+JSCS_ZCF+JSCS_SBF	单价措施项目计价材料费+单价措施项目未计价材料费+单价措施项目设备费		0.00			☑
11	2.1.3	B13	机械费	JSCS_DEJXF	单价措施定额机械费		0.00			☑
12	2.1.4	B14	管理费和利润	CSXM_GLF+CSXM_LR	措施项目管理费+措施项目利润		0.00			☑
13	2.2	B2	总价措施项目费	ZZCSF	总价措施项目费		444.41		Σ(总价措施项目费)	☑
14	2.2.1	B21	安全文明施工费	AQWMSGF	安全及文明施工措施费		302.25	安全文明施工费		☑
15	2.2.1.	B211	临时设施费	LSSSF	临时设施费		58.06			☑
16	2.2.2	B22	其他总价措施项目费	ZZCSF-AQWMSG	总措施项目合计-安全及文明施工措施费		142.16			☑
17	3	C	其他项目	QTXMHJ	其他项目合计		0.00	其他项目费	Σ(其他项目费)	☑
18	3.1	C1	暂列金额	暂列金额	暂列金额		0.00			☑
19	3.2	C2	专业工程暂估价	专业工程暂估价	专业工程暂估价		0.00			☑
20	3.3	C3	计日工	计日工	计日工		0.00			☑
21	3.4	C4	总承包服务费	总承包服务费	总承包服务费		0.00			☑
22	3.5	C5	其他	QT	其他		0.00			☑
23	4	D	规费	D1 + D2 + D3	社会保险费、住房公积金、残疾人保证金+危险作业意外伤害险+工程排污费		642.47	规费	<4.1>+<4.2>+<4.3>	☑
24	4.1	D1	社会保险费、住房公积金、残疾人保证金	FBFX_DERGF+JSCS_DERGF+QTXM_DERGF	分部分项定额人工费+单价措施定额人工费+其他项目定额人工费	26	618.67	规费细项		☐
25	4.2	D2	危险作业意外伤害险	FBFX_DERGF+JSCS_DERGF+QTXM_DERGF	分部分项定额人工费+单价措施定额人工费+其他项目定额人工费	1	23.80	规费细项		☐
26	4.3	D3	工程排污费					规费细项	按有关规定计算	☐
27		E	不计税工程设备费							☐
28	5	F	税金	A+B+C+D-E	分部分项工程+措施项目+其他项目+规费-不计税的工程设备费	3.48	2,792.90	税金	(<1>+<2>+<3>+<4>-按规定不计税的工程设备费)*综合费率	☑
29	6	G	单位工程造价	A + B + C + D + F	分部分项工程+措施项目+其他项目+规费+税金		83,048.78	工程造价	<1>+<2>+<3>+<4>+<5>	☑

图 7.22　费用汇总界面

7.8 报　表

单击导航栏"报表",如图 7.23 所示,计价类表格有工程量清单、投标方、招标控制价和其他,可根据需要查看或打印报表即可。如图 7.24 所示。

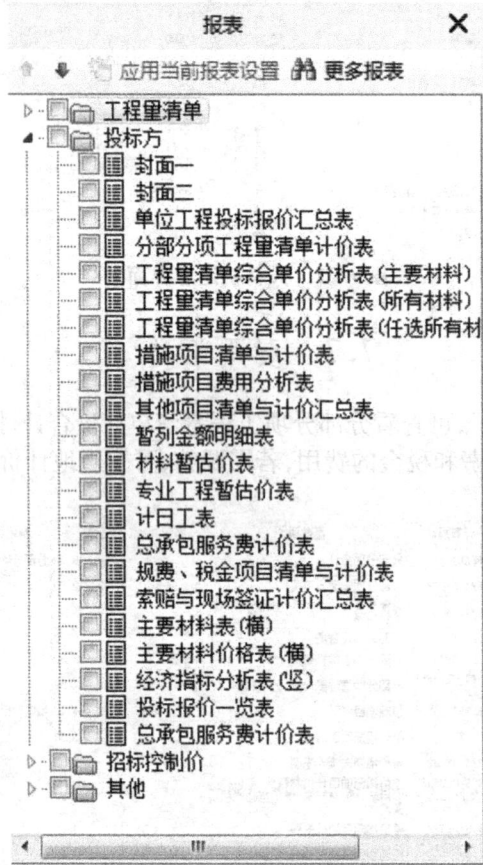

图 7.23　报表界面

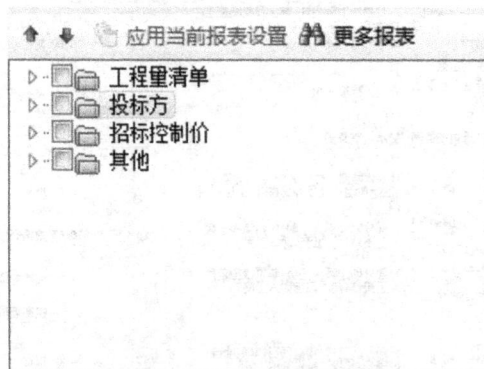

图 7.24　投标方报表界面

参考文献

［1］ 国家住房和城乡建设部,国家质量监督检验检疫总局.建设工程工程量清单计价规范
　　（GB 50500—2013）.北京:中国计划出版社,2013.

［2］ 国家住房和城乡建设部,国家质量监督检验检疫总局.园林绿化工程工程量计算规范
　　（GB 50858—2013）.北京:中国计划出版社.2013.

［3］ 国家住房和城乡建设部,财政部.关于印发建筑安装工程费用项目组成的通知（建标
　　〔2013〕44 号文）.2013.

［4］ 云南省住房和城乡建设厅.云南省建设工程造价计价规则（DBJ 53/T-58—2013）.昆明:
　　云南科技出版社.2014.

［5］ 云南省住房和城乡建设厅.云南省园林绿化工程消耗量定额（DBJ 53/T-60—2013）.昆
　　明:云南科技出版社.2014.

［6］ 吴戈军.园林工程施工［M］.北京:中国建材工业出版社.2008.

［7］ 中国建设工程造价管理协会.建设工程造价管理基础知识［M］.北京:中国计划出版
　　社.2010.

［8］ 张忠孝.园林绿化工程造价员培训教材［M］.北京:中国建材工业出版社.2010.

［9］ 孟兆祯.风景园林工程［M］.北京:中国林业出版社.2012.

［10］ 全国造价工程师执业资格考试培训教材编审委员会.建设工程计价［M］.北京:中国计
　　　划出版社.2014.